トカゲの尻尾はなぜ青い？

清原重明

ブックコム

目次

トカゲの尻尾はなぜ青い？

私とトカゲ

私とトカゲの初めての出会いは今から四十五年ほど前、まだ私が保育所にも行っておらず、家で過ごしていた頃のことである。自分が幼かったからかも知れないが、その記憶はモノクロで、それがトカゲだったのかカナヘビだったのかさえもはっきりしない。とにかく四足歩行で恐竜型の生き物だったことは覚えている。当時の私には、その生き物がとても大きく見えた。小型のイグアナのようなイメージとして今でも残っている。

ある晴れた日、庭で遊んでいた私は何やら地面を這う生き物を発見した。たまたま手に持っていた虫取り網を思わずその生き物に被せた。『捕った』と思った次の瞬間、前方に走り去る何かを見た記憶も残っているが、とにかく自分は捕まえたと思っていたので網を押さえて、「とった、とった！」と大騒ぎをして母親と祖母を呼んだ。母親と祖母がやって来たので変わった生き物を捕まえたことを報告し、ワクワクしながら少しずつ網を持ち上げていったが、中には何も入っておらず二人に笑われた。それが私とトカゲらしき生き物との最初の出会いであった。

次に古いトカゲの記憶は、私が保育所の年長組の時のことである。

ある朝、保育所へ行くために家から車庫まで歩いた時、車庫の横の物置の入り口付近に動く物を発見した。近付いてみると尻尾が青い四足歩行の小さな恐竜型の生き物であった。私に気付いたその生き物は、置いてあったコンクリートブロックの陰に隠れた。私がブロックをどけると今度は戸の隙間から物置の中に入り込んだ。私は物置の戸を静かに開けて中を覗き込んだ。薄暗い物置の中で目が慣れるのに少し時間がかかったが、足下付近をよく見ると、先ほどの生き物と同じ生き物がもう一匹、合わせて二匹いるのが分かった。何とか捕りたいがどうしたものかと考えているところへ母親がやって来た。母親も戸の中を覗き込んでその生き物を確認し、それがトカゲであることを教えてくれた。どうしてもそれを捕りたいとせがむ私に、母親は良く見張っているようにと言い残してどこかへ消えていった。私は母親に言われたとおりしっかりと見張って待っていた。暫くして母親が直径二十センチメートル、長さ三十センチメートルくらいの塩ビパイプの切れ端を持って戻ってきた。二匹のトカゲをこの筒の中に閉じ込めようというのである。母親が物置の戸の片側を静かに全開し足音を忍ばせて中に入っていった。私はその様子を戸の陰から固唾をのんで見守った。いくら足音を忍ばせているとはいってもしっかりと動く音が聞こえているので、やはりトカゲたちもその音に反応を示す。歩を進めるたびにピクッ、ピクッと少しずつ移動をしているのが見て取れた。しかし完全にどこかへ隠れてしまうわけではなく、そのあたりを二匹で適当にうろうろしている感じだった。そうこうしているうち二匹のトカゲが接近した瞬間、母親が素早く例の筒を使ってトカゲたちを閉じ込めた。私が歓声を上げ近付いて筒の中を覗くと二匹のトカゲがちゃんと納まっていた。「このあとどうするの？」という私の質問に母親は「このまま筒をしっかり重しをして押さえておいて保育所へ行こう」と言った。「捕ってから行きたい」と言う私に母親は「帰ってくるまでにこの筒の中からどうやって捕まえるか考えておくから保育所に行きなさい」と言った。私は渋々納得して保育所に行くことにした。

保育所にいる間も私は気が気ではなかった。逃げてしまうのではないかとか、母親以外の誰かが事情を知らずあの筒をどかしてしまうのではないかなどといろいろ悪い想像をしてしまい、ずっと『はやく帰りたい、はやく帰りたい』と思いながら過ごしていた。こういう時はかえって時間の経つのが遅く感じるもので、何とも長い一日だったように記憶している。

夕方定時に母親が迎えに来てくれてやっと家に帰れることになった。母親の顔を見るや開口一番、「逃げてない？」と言った私に母親は「見てないけど多分大丈夫だと思うよ」と答えた。母親の曖昧な答えに私の心配は家に着くまで続いた。いつもなら帰りに何か買ってもらおうなどと考えるところであるが、この日ばかりはそれどころではなかった。

家に着いた私は物置に直行して筒の中を覗き込んだ。筒の中にはちゃんと二匹のトカゲが動いていた。この時点でやっと安心した私であったが、ここからどうやって捕まえるのかという新たな心配が浮かんできた。早速母親に「どうやって捕るの？」と聞いてみた。すると母親は一枚の薄いベニヤ板を私に見せた。どうやら母親は一日どうやって捕まえるかを考えていてくれたらしい。母親によると筒の下にこのベニヤ板を少しずつ差し込んでいって筒の下側を板で塞ぐというものだった。差し込みながらトカゲが板の上に載るように追い込めば板で下側を塞がれた筒の中にトカゲも入ることになる。そのまま持って行って入れ物の中に放せば完了というものだ。なるほどすばらしい作戦である。私が納得したので早速やってみることになった。

とは言っても今回も母親任せで私はただ見守るばかりであった。母親が筒を慎重に傾け下に僅かな隙間を作りそこにベニヤ板を端から差し込んでいく。少しずつ少しずつゆっくりと差し込んでいくと次第に筒の下側が板で塞がれていく。思惑通りトカゲも板の上に移動していったが、ものすごい緊張感が漂っていた。最後に少し母親が焦ったのか二匹目のトカゲが完全に板の上に載りきらないうちに塞いでしまったらしく、筒と板の間に尻尾を挟まれて尻尾が切れてしまった。二匹とも捕まえられたことは嬉しかったが、一匹の尻尾が切れてしまったことが非常に残念で可哀想なことをしたと思った。すると母親がトカゲは尻尾が切れてもまた生えてくるから大丈夫だと教えてくれたので少し安心した。

トカゲを捕ったのは良いがまだ入れ物が用意されていなかった。とりあえず筒に閉じ込めたまま置いておいて入れ物を用意することにした。母親と一緒に入れ物を何にするかいろいろと探し回り最終的に鳩サブレの缶に決めた。当時テレビでは恐竜が出てくる特撮番組を放映していた。私はその番組が大好きでよく見ていたので、その特撮で使われている恐竜時代のジオラマをイメージしてトカゲの生活場所を作っていった。缶に土を入れ、その上に石や木の枝などを配置した。水飲み場として水羊羹の缶を土に埋め水を満たした。それから植物はシダの葉を採ってきて所々土に植えた。ジオラマの植物に似ている植物で身近にあったのがシダ植物だったのでシダを植えたのである。バランスとしてはトカゲに対して大きすぎたはずであるが、自分としてはよく出来たと満足したことを覚えている。

完成したトカゲの住み家にいよいよトカゲを移すことになった。ベニヤ板と筒を離さないように気を付けながら慎重に運び、入れ物の上で下の板を外すと見事に二匹のトカゲは入れ物の中へと落下して無事に完了した。新しい場所にやって来たトカゲたちは不安そうにきょろきょろうろうろ動き回っていたが、私は自分だけの動くミニ恐竜を手に入れたような気分で嬉しくていつまでも飽きずに眺めていた。

翌朝、私は目覚めるとすぐにトカゲたちの入れ物のところへ行ってみた。すると尻尾の切れた方のトカゲが水飲み場として入れた水羊羹の缶の中に入っていたが、もう一匹は見当たらない。心配になった私は石をどけてみた。いくつかどけていくうちに急に石の下からトカゲが飛び出してきた。どうやら石の下にもぐって隠れていたようだ。姿が見えたので私は安心したが、逆に石の下で安心して休んでいたトカゲはいきなり石をどけられて驚いたのだろう。すぐさま別の石の裏側へと身を隠した。昨日とは打って変わって素早い動きであった。それに比べて尻尾の切れたトカゲはさっきから全く動かない。よく見ると水飲み場の水に浮いているようであった。私は木の枝でトカゲをつついてみたが全く反応がない。死んでしまっているようだった。このサイズのトカゲに対して水羊羹の缶は大きすぎたのである。水飲み場に落ちて這い上がれず溺れてしまっていた。私は庭の隅に小さな穴を掘り、トカゲを水から取り出してその穴に入れて埋葬した。可哀想なことをしたと思ったが、それと同時にもう一匹は絶対に死なせないようにしなくてはいけないと思い、水羊羹の缶は撤去し代わりに栓抜きで開けるタイプの飲み物のキャップを金槌で平らに戻して水飲み場に使うことにした。これならば大きさ的にも深さ的にも安全で、まず溺れる心配はないだろう。

私の予想通りそれから数日の間事故もなく無事に過ぎていった。ところが、ある朝トカゲの入れ物を見に行った私は愕然とした。残っていたもう一匹のトカゲが今度は土の上で動かなくなっていたのだった。溺れるという問題は解消したはずなのに、今度は違う状態で死んでしまっていた。どうして死んでしまったのかわけが分からなかったが、いろいろと考えているうちに何となく餌を与えなかったことが原因かと思うようになった。後日、買ってもらった爬虫類の図鑑にトカゲの餌についてバッタやクモなどと書かれていたが、事前にこれを見ていたとしても当時の私はおそらく、トカゲに対しての餌のサイズなどということは全く考えずに与えた

と思うので、小さなトカゲたちは私の与えた餌が大きすぎて食べることが出来ず、遅かれ早かれ死んでしまったことだろう。私の初めてのトカゲの飼育はこのような散々な結果に終わったのである。

小学生になった頃の私は狂ったようにトカゲを捕りまくっていた。トカゲを見ればどんな手段を使っても捕まえるといった具合に執念の捕獲作戦を繰り返していた。しかし、すべて成功するわけではなく失敗に終わることも多々あった。トカゲが出現する場所はどちらかと言えば捕獲しにくい場所である。また私自身の知識や捕獲技術も未熟であったことも要因である。確率で言うならば半々かそれ以下であったと思うが、執念と気合いは凄まじいものがあったように思う。

積み重なった丸太の下に逃げ込んだトカゲを捕るために、上から順番に丸太をどかしていったことがある。全部どけてみたがトカゲはいつの間にかどこかへ逃げてしまっていた。その上丸太を勝手にどけたことで家の人に怒られ、元に戻させられた。骨折り損のくたびれもうけとはこのことだ。またある時はブロック塀の下の石垣に逃げ込んだトカゲを捕まえるために塀の裏側の土を掘って行き、出来た穴の中にバケツで大量の水を流し込んだ。水攻めに苦しくなったのかトカゲも入った所から出て来たが、自分が塀を回り込んで石垣側に行く間にどこかへ逃げてしまった。そしてまた石垣から泥水を流出させたことで怒られた。その上、汚れた所を掃除させられ穴の埋め戻しもさせられた。

とにかくトカゲでもカナヘビでも見つければすぐに捕獲作戦を実行し、捕まえれば水槽に入れるという具合で十数匹飼っていた。飼うと言っても捕まえて入れ物に入れて、ただ持っていることで満足していたように思う。水槽は間口五十センチメートル、奥行きと高さは共に三十センチメートルくらいの物で、その中に厚さ五～六センチメートルの土を敷き植物や隠れ場所、水飲み場などを配置した。今思えばトカゲやカナヘビの数に対して水槽が小さすぎたし土の量も少なすぎたはずだが、そんなことは考えもしなかった。図鑑の説明の通り餌としては菱《ヒシ》バッタやコオロギ、クモなどを毎日入れていた。トカゲとカナヘビの割合はほぼ半々であったと思う。水槽は東向きの玄関に置いていた。水槽の中でカナヘビの姿はよく目にしたが、トカゲは殆ど見かけることがなかった。当時の私はそのことに何の違和感も持っていなかった。トカゲは土にもぐり巣穴を作る習性があることを知っていたので、土の中にいることに何の不思議もなく土を掘れば出てくるだろうくらいの考えだった。実際入れ物の掃除をする際に土を掘っていくとトカゲもちゃんと出てきた。それで数がちゃんと揃っていれば良しとしていた。ところが、何度目かの掃除の時、トカゲたちの姿がどう見てもやせ細って動きも最初ほど素早くないことに気付き、このまま飼い続けると死んでしまうかも知れないので渋々トカゲだけ逃がした。そしてまた元気なトカゲを捕まえては水槽に入れて飼い、元気がなくなると逃がすという繰り返しであった。毎年同じようなことの繰り返しで、捕獲した後、水槽の中でトカゲの姿を見ることはほぼなかった。カナヘビは毎日姿を見ることが出来、私の目の前で与えた餌を豪快に丸呑みする場面も度々あったので、同じような生き物でもこれほど生態が違うものかと驚くと同時に、トカゲは非常に用心深く飼うことが難しい生き物であるという印象を持った。

同じ飼い方をしていく中でカナヘビはやがて卵を産んだ。私は母親の勧めで卵の孵化に挑戦してみることにした。図鑑にカナヘビの卵を孵化させる方法が出ていた。それによると堀や川に生えている水苔を採取して水槽などに敷き詰め、表面が乾かない程度まで水を入れる。要するに水苔の厚さの八分目程度まで水に浸すという状態にして、水苔の上にカナヘビの卵を置くということであった。さらにただ置けば良いというわけではなく、白い卵の表面に一箇所円形の薄ピンク色の部分があるのでそこを上に向けて置くようにと書いてあった。そこが肺臓にあたる場所とのことだった。水は少な過ぎず入れ過ぎずで、時々補充する。たまに清潔を保つため水苔を洗い水槽も掃除するなどしてまた卵を並べる。指示通りにやって観察を続けていくと卵は水苔から水分を吸収し次第に膨らんでいく。最初は直径五ミリメートル、長さ一センチメートル程の楕円形だった物が、最終的には直径十二ミリメートルほどの球形に近い状態になり四十日程で孵化した。中から出てきたカナヘビの赤ちゃんは全長五センチメートル弱の茶褐色であるが水に濡れているため黒っぽく見えた。

この観察を基にして次の年はカナヘビを沢山捕獲することで卵も沢山確保出来たので、観察を記録して夏休みの自由研究としてまとめた。

同じ水槽で飼育していてカナヘビはここまでの観察が出来たにも拘わらず、トカゲは全くと言って良いほど観察らしいことが出来なかったのはなぜなのか。それは私自身の知識のなさによるものであるが、何年も飼い続け、また自然界でのトカゲやカナヘビを観察する中でかなり後になって気付いたことだが、トカゲとカナヘビでは活動する気温がかなり違うということである。トカゲは天気の良い非常に暖かい日中に日向ぼっこをしている姿を見かけるが、薄曇りの日などには全くと言って良い程見かけない。一方、カナヘビは薄曇りの日にも草むらなどで捕食活動を行っている姿を良く見かける。気温で言うならばトカゲの二十五度前後に対してカナヘビは十七、八度くらいといった具合である。またたとえ気温が高くても日差しのない日にはトカゲを見かけることは殆どない。実際冬眠から覚めるのは春先の同じ頃であろうし、カナヘビと同じ気温で活動出来ないわけではないのかも知れないが、トカゲは好んでは姿を見せないようである。私自身も一月にトカゲを見かけたことがある。一月にしてはかなり暖かい日であったが、気温で言えば十五度まであったかどうかである。確かに日差しはかなり強く暖かかったため春が来たと思い出てきてしまったようであった。この後どうするのだろうと心配になったくらいである。こんな具合にトカゲは特に日光浴を好むようである。

つまり私の水槽が置いてあった東向きの場所ではカナヘビは活動するが、トカゲは活動しないということがよく分かった。同じような大きさや姿であるから同じように飼っても大丈夫だろうと思うのは自然なことだが、同じように見えてもその生態はかなり違っているのである。トカゲは南向きの直射日光が当たる場所で飼うのがベストである。直射日光が当たると言っても水槽全体に当たるのでは当たり過ぎなので、水槽の半分程度まで当たる場所が適当である。

中学生になった私は部活動や受験勉強などが忙しくなり、もうトカゲやカナヘビを飼う余裕

はなくなっていた。高校、大学とその流れで瞬く間に過ぎていき、いつの間にやら社会人になってしまった。仕事は自宅であったり他の場所であったり様々で、時間も不規則なため毎日定時に何かをするというのが難しかった。やがて結婚し子育ても始まりさらに忙しくなっていった。トカゲのことなど考える余裕は殆どなくなった。その頃には時々庭などでトカゲやカナヘビを見かけると、「おっ、久しぶりだな」とか、「懐かしいな」といった言葉が口から出るようになっていた。トカゲを見ると心の奥でもう一度トカゲを飼って、全く分からなかったトカゲの生態についてもっと知りたいという思いが募ってきた。だが、経験上トカゲは飼うのが非常に難しい生き物だという思いが湧き始め、飼うにはそれなりの準備や道具が必要であり、時間的にもかなり余裕がないと難しいという結論に至り断念していた。

トカゲ再び

トカゲを飼うことなど二度とないだろうと思っていた私だが、思いがけず再びトカゲを飼うことになる。

恐竜好きの次男を庭で遊ばせていた時、偶然次男がトカゲを発見し、「あれ捕りたい」と言い出した。親としては何とか捕まえてよく見せてやりたいと思い、かなり暫くぶりにトカゲ捕獲作戦をすることになった。平らなコンクリートの上で日向ぼっこをしているトカゲをどうやって捕まえるか、必死で考えたがなかなか良案が浮かばない。周りは植え込みや生け垣、雑草地帯など、どこかに追い詰めて捕獲出来る場所ではない。いつまでそこにいるという保証もないので早期決断を迫られる中、自分の過去の失敗場面も頭をよぎったが、この場合他に手段を思いつかないこともあって、ダメ元で虫取り網を上から被せてみることにした。次男に「もし逃げちゃったらゴメンね」と言うと「いいよ。そしたらまた見つけるから」と言うので益々プレッシャーになったが、思い切って網を被せると意外や意外、トカゲ自ら網の袋の方へ入り込んだ。逃げた方向も幸いしたのかも知れないが、真上から網を被せられたトカゲは地面を這って逃げようとして、知らぬ間に網の枠を乗り越えて、網の袋状になったたるみ部分へと入り込んでしまったのだ。ダメ元作戦成功で見事捕獲。次男は大喜びで、父親としてカッコイイ所は見せられたし、同時に過去の失敗も払拭出来てなんとも気分爽快であった。子供の時に出来なかったことが大人になると出来るようになるというのは、誰でも経験のあることだと思うが、この時ほどそれを実感したことはなかったかも知れない。次男が自分でやっていたら、恐らく私と同じ体験をすることになったと思う。この後もこのやり方で何度も捕獲している。私の場合十中八九捕獲出来ているので、大人にとってはかなり有効な捕獲手段であると思う。

久しぶりに手にしたトカゲはツヤツヤとしてスルスルとした手触りだった。とても懐かしい感触だった。そして黒いつぶらな瞳が何とも可愛いことに初めて気付いてしまった。手に持ったまま次男に見せると、「カッコイイ」と言ったので『いやいやそれほどでも・・・』と言いそうになったが、捕まえた私ではなく次男の目にはトカゲ自体がかっこよく映っているようだ。恐る恐る手を伸ばし、トカゲの頭に指先で触れて一瞬手を引っ込める。二度目は少しなでなでして、「おー」と感嘆の声をあげ、ニコニコと嬉しそうになで続けている。トカゲも最初はじっとしていたが、あまりいじられるとさすがにもがき始めた。逃げられては大変なので近くにあったバケツに入れることにした。バケツに入れるとトカゲはシュルシュルと音を立てながらグルグルとバケツの底で動き回った。次男が手を伸ばして触ろうとするとシュルシュルと素早く逃げ回る。「すごい」次男は今度はトカゲの素早さに驚いている様子だった。

暫く見せて、飽きたら逃がせば良いと思って捕まえたが、いつまで経っても飽きる気配がない。どうしたものかと思っていると、次男が「トカゲちゃん飼いたい」と言い出したのだ。「えっ」私は心の中では次は多分そう言うだろうと思ってはいたものの、実際言われてみるとどうして良いものか困ってしまった。飼い始めることは出来たとしても、私自身トカゲについて何も分かっていないのだから、昔の二の舞になるくらいのものである。昔飼っていたことはあるが、トカゲが餌を食べているところなど終《つい》ぞ見たことがなかった。何をどんな風に食べるのかも分からない。餌を食べなければ次第に弱り、やがて死んでしまう。何とか逃がす方向に持っていけないものかとも考えたが、とりあえず一日二日でどうにかなるわけでもないので暫く飼って違うトカゲを捕まえたら前のトカゲを逃がすというやり方もあると思い、次男にそのことを納得させてそのまま飼ってみることにした。

その日はそのままバケツに入れておき、次の日入れ物探しをした。一匹なので昔飼っていた時の水槽でも良いかと思ったが、はるか昔の水槽をどこに保管したか既に分からなくなっており、さてどうしたものかと頭をいろいろ悩ませている中で、たまたま目に入ったのが透明のコンテナボックスだった。透明とは言ってもガラスほど透明というわけではなく、半透明に近い透明度である。外からも中の様子がほぼ見て取れるし、日光も充分中まで届く感じであった。さらに子供が万が一、石か何かをぶつけたとしても割れないという利点もある。間口六十五センチメートル、奥行き四十センチメートル、高さ三十センチメートルの物で透明度はいまいちだが、安全性は言うことなしということでこれに決めた。このサイズのプラスチック製の水槽は普通はまず売っていない。どこかでは売っているのかも知れないが、金額的にはかなり高価な物になってしまうと思うのでコンテナボックスで充分である。フタは枠の部分を残して内側をくり抜き、くり抜いた部分の約三分の二に木枠と木ねじを使って網戸用の網を張り、残りの三分の一部分は蝶番《ちょうつがい》と板を使い開閉式にした。網を張ることによって上からは、側面からよりも中の様子がはっきりと見える。入れ物の中に熱がこもることや蒸発した水分がフタや入れ物の内側に付いてポタポタ垂れて土が湿りすぎることも防げる。トカゲの呼吸に必要な酸素供給も充分出来る。また開閉式のフタを付けることによって、フタを全開しなくても水の補充や餌の投入が出来る。

かくして良いことづくし（自己満足）の入れ物が出来上がり、いよいよ実際にトカゲを入れるための準備としてまず土を四分の一くらいまで入れた。そこからは次男と一緒に家の周りでトカゲの住み家に入れたい物を探した。石や木の枝、煉瓦や植木鉢の欠片《かけら》などいろいろ集めてきた。次男が楽しそうに配置していく中で、植物についていては直《じか》に植えてもそのままではすぐに枯れるし、水をやると土が水浸しになるという自分自身が体験した難題を、鉢受け皿に植えた状態の植物を入れるという大人の知恵で見事解

決し、あたかも植物が生えているかのごとく見せることに成功。次男も「これに水やりをすればいいんだね」と趣旨を理解して気に入ってくれたようなので一安心。水を補充しても受け皿から溢れさせなければ大丈夫だし、多少溢れても直に水をやる場合の水浸し状態を思えば問題にならない。水槽に入れた土は次第に乾燥していくので、土に水分を補充することを考えると多少の水漏れはかえって好都合かも知れない。

自分の過去の経験からトカゲが活動している様子を見るためには、出来上がったトカゲの住み家を日光がよく当たる場所に置く必要があった。そこで南向きの玄関脇に置くことにした。この場所ならば夏は勿論冬でもよく日光が当た

るので、日光浴が大好きなトカゲにとっては最高の場所である。ただし、当たりすぎるのも逆に良くない。水槽の中は外よりもかなり温度が高くなるので、水槽の地面の半分程度まで日光が当たる位置がベストである。当たり具合は家の屋根との兼ね合いで、水槽の下にコンクリートブロック等を重ねて台を作ることで調節出来る。その上でさらに水槽の位置を前後に動かして微調整すれば、ほぼ思い通りの当たり具合を演出出来る。

次男と一緒に場所を決め、コンクリートブロックを数段重ねてちょうど良い場所に水槽を設置し、前日からバケツに入れたままだったトカゲを次男が新しい住み家に入れてやることになった。実際入れる段になって次男が「やっぱり父ちゃんがやって」と言ったので、私が「いいから自分でやってごらん」と言うと、意を決したのか小さな体でバケツを持ち上げ必死で頑張っていた。やっとの思いで入ったと思った瞬間、バケツも水槽の中に落としてしまった。私がバケツを取り出して脇に置くと、次男がバケツの中と私の顔を交互に見ながら渋い顔をしている。私が「どうしたの?」と言うと次男は「逃がしちゃった」と小声で言って泣きそうになった。どうやら次男は自分がバケツを落としたことでトカゲが逃げてしまったと思ったようだ。私が「大丈夫だよ　ちゃんと中に入ったよ」と言うと半信半疑で水槽の中を覗き込んだ。自分で植物の葉をどけてみたりしていたがよく見えなかったようで、困り顔で私を見る次男に今度は私が一緒に植物の葉や石などをどけてやりながら探していくと、いくつか目の石をどけた瞬間に石の陰から飛び出してきた。それを見た次男は「よかった」と言ってやっと笑顔が戻った。

その日からトカゲとの生活が始まった。朝起きて次男とトカゲを見に行くと、思った通り水槽の日当たりの良い側の壁にピタリとくっつくようにして日光浴をしていた。人の気配を感じたのかすぐにどこかへ行ってしまったが、日当たりが良い場所で飼えば水槽の中でも自然界のトカゲと同じように活動することが分かった。あと一つの問題は水と餌である。昔飼っていた時にカナヘビの食事場面には何度も出会っているが、トカゲのそれには終《つい》ぞ出会えなかったからである。この問題を解決しない限り一匹のトカゲを飼い続けることは難しい。

ある朝、何気なく歩いていた時、視界に尻尾の青いトカゲが入ってきた。まだ生まれて間もないサイズのトカゲである。尻尾の青いトカゲ自体は特に珍しい物でもないが、私が魅せられたのはそのトカゲの行動だった。ただ逃げる時の素早い動きとは明らかに違う動きであった。素早いことに変わりはないが、私のことなど全く眼中にない様子だった。どうやら獲物を見つけ捕まえようとしているらしい。願ってもないチャンスだと思い、立ち止まってそっと観察をすることにした。近くで見ているのに全く逃げる素振りもなく、夢中で獲物の動きに合わせて体を上下前後に動かし、素早く何かを捕まえた。トカゲの場合、捕まえるというのは口で咥《くわ》えるということであるが、見事に口で咥えそのまま丸呑みする態勢に移る。獲物はピョンピョンと移動をするタイプのクモだったようだ。それで前述のような不規則な動きをしていたのだろう。小さいトカゲの獲物はやはり小さく、しかも素早く飛ぶように動くクモだったので、私には最初獲物のクモは全く見えておらず、トカゲが勝手に変な動きをしているように見えた。しかし良く見ているうちに何かを追いかけていることが分かり間もなくそれを捕まえた。そして丸呑み。ついに念願のトカゲの補食シーンを見たのだった。小さいトカゲとは言え、その食事の様子は豪快で昔見た成体のカナヘビの食事シーンと全く同じであった。生まれたばかりのトカゲでもちゃんと自分で餌を捕り逞《たくま》しく生きている姿に感動した。それと同時に、これならば成体のトカゲも餌さえ与えればきっと食べるに違いないという希望が見えてきた。昔飼っていた時は、東向きの場所であまり日光も当たらず、トカゲが姿すら見せなかったわけだから当然食事シーンなど見られるわけもない。しかし今回は南向きで、実際自然界のトカゲと同じように日光浴もしていたことを考えると、餌の昆虫やクモがいればやはり自然界のトカゲ同様に捕食するはずである。最初は別のトカゲを捕まえたら逃がすつもりで飼い始めたのだが、ダメ元で餌を沢山入れてみることにした。早速バッタやコオロギ、クモなどを沢山捕まえてきて入れてみた。すると私の心配はどこへやら、餌を入れた瞬間成体のトカゲは素早く一匹の獲物を捕まえ、私の目の前で丸呑みしたのである。『これならば飼える』私は確信した。

ずっともう一度トカゲを飼ってみたいと思い続けていたものの、昔飼っていた時からの死なせずに飼うことは難しいというある意味トラウマ的な観念によって断念してきた私にとって、次男の一言から始まった今回の一連の出来事はそういったマイナス要素をすべて差し引いてもまだまだ余りある程の良い意味での衝撃的な体験だった。確かにトカゲを飼って世話をすることになれば時間的には忙しく非常に大変になることは目に見えている。しかしそれでもトカゲを飼うことが不可能ではなく可能であることが分かった今、なんとしても飼いたいという強い思いが込み上げてきて抑えきれなくなっていた。実際ここ数日で昔失敗したことも克服し、昔は見ることが出来なかったものを一気にいくつも見ることに成功した。飼うためにはそれなりの準備と道具も必要だというもう一つの問題もいつの間にやらクリアーしており、飼うことに何の障害もなくなっていた。

それからは天気の良い日は次男とトカゲ探しをすることが多くなった。二人がそれぞれ虫取り網を持ち、庭をウロウロしながら目を皿のようにして探す。見つけようとするとなかなか見つからないものだが、それでも時々出会うことはあった。捕獲しやすい場所ならば良いが、そうとばかりとは限らない。最初の何匹かは私が捕獲したが、捕獲しやすい場所ではまず次男にやらせて、失敗した場合にすかさず私が捕まえるという二段構えの作戦で結構上手く捕まえられた。このやり方であれば次男も自分でトカゲを捕まえる喜びを味わえるし、もし失敗してもほぼ八割方私がフォロー出来るので、失敗を恐れずに挑戦し、何度も一人で捕まえることに成功した。自分で捕まえた時の嬉しさは格別で、次男もとても嬉しそうにしていた。そんなことを繰り返しているうちに捕まえたトカゲの数は十五匹程になり、次男とも相談した結果、トカゲ捕りはこのくらいで一時休止にすることにした。

トカゲを捕まえるということは同時に、餌となる昆虫やクモなどもそれだけ確保しなければならないということで、こちらも結構大変な作業である。トカゲは捕まえて水槽に入れればそのまま中で生活し、余程のことがない限り数が減ることはないが、餌の昆虫やクモは水槽に入れると見ている目の前でどんどん減っていく。要するにトカゲたちに食べられていくということだが、一匹のトカゲが一匹の昆虫で満足するわけではなく、四匹、五匹と食べていくので、十五匹もいるとかなりの数の餌を必要とする。毎日、餌の虫捕りに多くの時間を消費することになった。虫捕りに使う道具も自分なりにいろいろ試してみた中で、百円ショップで買える親指でフタが開けられるタイプの調味料入れと大きめの透明なカップが使いやすいことが分かった。カップで虫を捕まえ調味料入れに入れるのである。カップもコンビニで売っている飲み物用のロックアイスのカップを再利用している。あのくらいの大きさが便利である。こちらも次男と私が一組ずつ持って、草原をウロウロしながら目を皿のようにして虫捕りをするのである。

昔飼っていたカナヘビに家の中にいた大きなクモ、いわゆるアシダカグモを与えたところ豪快に丸呑みしていた。同じような生き物であるカナヘビは、かなり

虫とりセット

大きな獲物も食べることが出来るようなので、もしトカゲも大きな虫を食べることが出来るならば、一匹で小さな虫の何匹分にも相当し、虫捕りもいくらか楽になるだろうと考えた。トカゲはどのくらい大きな虫を食べることが出来るのか確かめてみようと思い、体長三センチメートル程の大型のコオロギ、胴の直径が一センチメートル以上あるカマドウマとアシダカグモ、体長十センチメートル以上のカマキリなどを水槽に入れてみた。入れた瞬間にトカゲたちがハンターと化して激しく動き回り、たちまちそれぞれの獲物を捕まえた。

コオロギを捕まえたトカゲは、咥えたまま少しずつ器用に噛む位置をずらしながらコオロギの堅い頭部を何度も噛んで、噛み砕くようにしてやがて頭から丸呑みした。カマドウマを捕まえたトカゲは胴体部分を咥え、少しずつ噛む位置を変えながら噛み砕

カマドウマを捕食するトカゲ

くようにダメージを与え、その後、動かなくなったカマドウマから一度口を離して今度はカマドウマの長い後ろ足を咥え、そのまま自分の頭をブルンブルンと激しく振り足をもぎ取った。同様にもう一方の足ももぎ取り、もう一度胴体部分を咥えるとそのまま丸呑みした。トカゲの口に対してかなりの大きさであったが、口が裂けそうな程に開いて何とか呑みこんだ。その後は体をくねらせてさらに奥へと送り込んでいる様子だった。アシダカグモを捕まえたトカゲは、アシダカグモの胴体部分を咥えそのまま丸呑みの態勢に入り、胴体から呑み始め、そこから生えている長い足もすべて呑みこんだ。

大型のカマキリを捕まえたトカゲは、カマキリの胸部と胴体の境辺りを咥え激しく自分の頭を振り回した。最初こそカマキリも羽を広げカマを構えて威嚇の態勢をとっていたものの、何度も振り回されているうちに力尽きぐったりとしてしまった。それでもトカゲは振り回し続け、やがてカマキリの胸部から上を胴体からもぎ取った。次は羽である。いちばん外側の分厚い羽は特に食べるには硬く邪魔なのだろう。やはり咥えて振り回すことでやがてちぎれて取れていく。振り回しすぎてちぎれた瞬間にカマキリの胴体がどこかへ飛んでいってしまい、『あれ、どこいった?』といった感じでキョロキョロ辺りを見回していたが、すぐさま動きだして何とか胴体を見つけると、そこから丸呑みの態勢に入った。トカゲの胴体部分とそれほど変わらない長さと太さだが見事に完食。相当お腹いっぱいになったのではないだろうか。

この観察によってトカゲはかなり大きな獲物も食べることが分かった。その食欲の旺盛さに驚かされたが、さらに食べるに当たって食べやすくするために邪魔な物を取り除く作業もしていることに驚いた。食べ方を親に教わるわけでもないだろうに、本能からなのか自分の経験からなのか、ここまでのことを身につけているということに感心せずにはいられなかった。生まれてすぐに食うか食われるかという世界に身を置き、自分で餌を捕まえ逞《たくま》しく生きている姿に感動したが、そこから今日までおそらく多くの兄弟たちが何者かに捕食され命を落とす中で生き延びてきた彼らは、ある意味ただ者ではないと言えるのではなかろうか。いわゆる優秀な個体であり、学習能力、記憶力、俊敏性、用心深さ等様々な面で秀でているのかもしれない。そのわりには私や次男にあっさり捕まったわけであるが、生きるための一番基本となる行為であるとは言え、『食べる』という一つの事柄だけでも驚くべき発見があったわけである。このほかにもまだまだ私の知らない生態が沢山あるだろうことは予測出来る。それを思うと何ともわくわくしてトカゲを飼うことにさらなる意欲がわいてきた。

トカゲとの日々

次男の夏休みは学校の宿題と虫捕りが日課となった。その日の分の宿題を終わらせると、ほぼ毎日虫捕りに出掛けた。毎日同じ場所で捕っているとだんだん捕獲量が減ってくる。そこで少し足を伸ばして学校の裏の雑草地帯や近所の草原へも出掛けていった。毎日捕獲場所を変えて捕ることで捕獲量を維持し、それに加え私が時々夜中に外に出て家の周りでカマドウマやアシダカグモを捕まえるなどしてトカゲの餌にしていた。虫捕りをしている時に私を刺しに来るアブもトカゲの貴重な餌になるので、よく返り討ちにしてトカゲに与えていた。また、畑の作物につく青虫のような何かの幼虫やミミズなども与えると食べてくれるので助かった。大変な作業であるが次男もよく頑張ったので何とかトカゲの食べる勢いに追いつくことが出来たようである。次男の夏休みの宿題のポスターにもニコニコ顔のトカゲがいくつか描かれていた。こんなに興味を持って喜んでくれるとは思っていなかったので私としてもとても嬉しかったし、

次男との虫捕りも大変な作業ながら思いの外楽しかったので、トカゲを飼い始めて良かったと思った。

夏休みも無事に終わり二学期が始まると、思った通り虫捕りは主に私の仕事になった。休日には次男も虫捕りをしてくれたが、ほぼ毎日のことなので、私がやるしかなかった。そのうちよく観察していると、餌を入れる時に前に入れた虫がまだ生き残っていることに気付いた。トカゲは動く虫を見つけると本能的に捕まえて食べてしまうので、ある程度お腹がいっぱいでも見つけると食べてしまって水槽の中には虫は残っていないと思っていた。よく見ていると、目の前に虫が近付いていても興味を示さず日向ぼっこをしている。要するに餌には満足しているということだ。自然界では見つけた時に食べないと何時餌にありつけるか分からないし、餌を求めてかなりの距離を動き回ることもあるだろう。さらには自分も天敵に狙われて必死に逃げるなど激しく動くこともあり、常にお腹を空かせている状態なのかもしれない。しかし、この水槽の中ではそれほど動くことなく毎日餌が食べられて、しかも天敵に襲われることもないわけだからお腹もそんなに空かないのかも知れない。実際、私が草むしりをしていた時に目の前の石垣からトカゲが自分の頭よりも大きな芋虫を咥えて出てきた。そして私が見ている前でその芋虫を丸呑みしたのだ。口が割けてしまいそうなくらいいっぱいに開いて苦しそうに何とか呑み込み、体をくねらせて奥へと送り込むとまた出てきた石垣の穴に戻っていった。少しするとまた同じ大きな芋虫を咥えて出てきたのだ。そして一匹目と同様にして呑み込んだ。一匹でも充分大きくて他の虫の何倍もあり、呑み込むにも相当苦労したにも拘わらず二匹目も呑み込んでしまったのだ。このトカゲの胴体ははち切れんばかりに膨らんで、とても苦しそうであった。口を開ければ芋虫が見えそうなくらい喉の辺りまでパンパンだった。自然界ではこのようにして捕食出来る時にという思いからなのか、本能的あるいは反射的に貪欲に餌を捕まえ食べていたトカゲが、この水槽の中ではお腹が空いたら餌を食べるという具合に変化してきている。この様子だと毎日餌を与えなくても大丈夫なのではないかという考えが浮かんできた。最初は水槽の中の虫の残り具合と虫に対するトカゲの反応をよく観察して虫捕りをするようにしていたが、そのうち不足でないように多めに入れておいて、残っていてもそのうちお腹が空いた時にその虫たちを捕食して食いつないでもらうというスタイルに切り替えた。天候のことも考えに入れておかなければいけない。雨続きだったりすると虫捕りは出来ないので、天気の良い日に出来るだけ多く虫を捕獲して入れておくようにした。要するに捕れる時に捕って水槽に入れ、

トカゲ新幹線で旅行に行こう

食べる食べないはトカゲに任せるということである。これによって虫捕りは数日に一度で済むようになった。

　夢中でトカゲの世話をしているうちに月日は過ぎていき、気付けば十一月に入っていた。当初の予定では秋になったら逃がすつもりだったが、仕事等で忙しく逃がす時期を過ぎてしまったようであった。インターネット等で調べると、十月半ばくらいには冬眠に入るということが書かれていた。冬眠前にはあまり餌も食べなくなり姿を見せなくなるとも書かれていた。水槽のトカゲたちは天気の良い日にはまだ日光浴をしている姿を見かけるが、確かに最近はあまり餌を食べなくなっていた。このまま逃がしてもウロウロしているうちに凍死してしまうのではないかと思いどうすれば良いかいろいろ考えたが、時期的なものはどうすることも出来ない。冬眠をさせずに水槽の内部の温度を保ち夏場と同じように飼うことも出来るらしいが、その場合、餌の確保が非常に難しい。冬になれば虫もいなくなるので、餌が与えられなくては飼うことは出来ない。ペットショップ等で販売している餌もあるようだが、どこまで対応出来るものなのかも分からない。冬眠をさせずに飼い続けることはトカゲにとっても負担が大きく、寿命が短くなるということも聞いていた。また、停電などの場合には温度を保てなくなってしまうかもしれない。トカゲの水槽を前にいろいろ考えていると、今日もトカゲが数匹日光浴に出てきていた。それを見て私は『日が陰《かげ》ればどこかに潜るわけであるからまだ動けないわけではない』と思った。そして次の瞬間、トカゲたちに向かって「まだ間に合うかな？　俺も頑張るから冬眠頑張ってくれよ」と話し掛けていた。一刻を争うような事態となり、急遽冬眠用の入れ物を作ることにした。冬眠の仕方を調べると、いつもより土の深さを深くして土は乾燥しないように時々霧吹き等で湿らせること。入れ物を置く場所は北向きの日当たりのない場所で、さらに何かで覆いをして暗くするのが良いなどと書かれていた。そこでまずコンテナボックスを二段重ねにしてネジで固定し、上段の底を抜き、いつもの二倍の深さの入れ物を作った。水にさらした落ち葉を下一段分くらい入れる。その上から適度に水分を含ませた土を

入れていくと、落ち葉は土に押しつぶされて底の方に重なっていく。落ち葉はこの状態で腐葉土になっていくだろう。その際には少なからず熱を発することだろう。地熱的な効果があるかどうかは分からないが何となくそうしようと思い立った。そのまま土を入れていき、下の段すべてを土にした。地表にはいつも通り石や煉瓦、鉢受け皿に植えた植物などを配置して、その上からそれらが隠れるくらいの乾いた落ち葉を入れて霧吹きで表面を湿らせた。そこへ今までの水槽から掘り出してきたトカゲたちを入れた。一匹ずつ撫でながら「春に元気で出てきてくれよ」と声を掛けながら入れていった。フタは今までの入れ物の物が使えたので、そのまま使うことにした。これで北向きの場所に置けば完了なのだが、念には念を入れたくなった。一日一日の寒さはそれほどではないとしても、連日寒い日が続けば凍った物が融けないうちにまた夜が来てさらに凍っていく。私の家の池は寒い日には氷が張る。寒い日が続くとその氷がだんだん厚くなっていく。厚くなっていくのは融けないうちにまた寒さで凍るからである。日の当たる場所にある池ですらこのようなことが起こるこの地域で、北向きの場所に置いた水槽は外気に触れている部分から次第に中心に向かって日々凍っていってしまうのではないかと心配になった。地面ならば余程のことがない限り下や左右前後から寒さに攻め込まれることはなく、上からの寒さをしのげば何とかなるだろうが、水槽の場合、地表に置くことで上の他に左右前後からも寒さが襲ってくるはずである。そうなると水槽の正に中心に位置したトカゲは良いが壁に近い場所などに位置したトカゲは真っ先にやられてしまうのではないだろうか。水槽自体幅も深さも大したことのない物であるから、例え中心にいてもどうなるか分からない。このまま北向きの場所に置くのが非常に不安になった。そこでホームセンターで建物の壁などに使う断熱用の発泡スチロールを購入し、冬眠用の水槽が余裕で納まる大きさの箱を作った。下と左右前後をこれでカバーした。さらに水槽にすっぽり被せられる段ボールの箱を作って水槽内を暗くすると同時に上からの寒さをいくらか軽減するようにした。

しかしこれだけでは上からの寒さには対応不十分だと思われるので、たまたま家にあった間仕切り用のフェンスに風呂の洗い場用のマットを梱包用の透明テープで貼り付けフタにした。その上からさらに毛布を被せて私なりの冬眠装置の完成となった。

何事も初めての事ばかりですべて手探り状態である。多少情報等は参考にさせてもらったが、やはりそれぞれの場所や状況によって変えるべきものは変えなければいけないし、すべて鵜呑みにして誰かのせいにすれば良いというものではない。折角ここまで世話をして大切に飼ってきたトカゲたちを逃がし損ねたことで冬眠させることになり、その冬眠も失敗してトカゲたちを死なせてしまったら悔やんでも悔やみきれない。何としても冬眠を成功させるという思いが形として私の場合はこのようになったのだ。これで本当に良いのかどうかも分からない。とにかく春までトカゲたちを何とか生かさなければという思いしかなかった。

冬の間は時々水槽の中の様子を見ることにしていた。フタを開けて落ち葉をかきわけ地表にトカゲが出てきてしまっていないかチェックすることと、水分が足りているかどうかもチェックした。地表に置いた水飲み用の容器の水を補充し、落ち葉の上から霧吹きで水をかけた。この程度の事で良いのかどうか不安であったが、これ以上のことも出来ないというのが現実で、春になって元気な姿を見るまでは常に不安が付きまとった。しかし自分が出来ることはすべて形にして冬眠に入ったわけであるし、トカゲたちも与えられた環境で精一杯生きるための努力をしているわけであるから、自分を信じ、トカゲたちを信じるしかないと思った。

月日は瞬く間に過ぎ三月も半ばになった。いつものように水槽の様子を見に行くと既に落ち葉の上に数匹のトカゲが出てきていた。動かないので死んでしまっているのかと心配になったが、ちゃんと生きていたので安心した。落ち葉をかきわけていくと、地表にも数匹のトカゲが出てきていた。ただ、全部のトカゲが出てきているわけではない。生きて出てきてくれたことは嬉しいのだが、まだ餌になる虫たちも殆どいないような時期である。今出てきてしまって大丈夫なのだろうかと不安になり、さてどうしたものかと暫く考え込んでしまった。考えているうちにまた別の不安が頭を持ち上げてきた。出てきているトカゲは何とか冬眠を乗りきったことになるのだろうが、出てきていないトカゲたちは一体どうなっているのか。このまま出てこないことも考えられる。今にも水槽の土を掘り返して確かめたい気持ちになったが、出てきているトカゲたちの動きも非常に遅くてまだ眠そうな様子だったので、出てきたとはいってもまだ冬眠の続きのような状態なのではないかと考えた。人間にも暑さや寒さの感じ方に個人差があるように、トカゲにも個体によって幾分感じ方に違いがあってもおかしくない。また土に潜った時の位置や深さによっても左右されるだろう。つまり他のトカゲはまだ眠っているのだと考えることにした。これから次第に目覚めて出てくることだろう。出てきているトカゲたちもまだ眠そうで餌を欲しがる様子もないので、申し訳ないけれどもう少しこのまま暗くして様子を見ながら、あと半月ほど冬眠用の水槽にいてもらうことにした。この時期であれば地表にいても凍死することはないだろうし、念には念を入れた冬眠装置の中でならば尚のこと大丈夫だろうと思った。

さらに時間は過ぎ四月に入った。この頃には予想通り他のトカゲたちも目覚めて、冬眠用水槽の中は賑やかになってきた。その上動きもすばやくなって、落ち葉の中で動き回る音が沢山聞こえてきた。そろそろいつもの（夏用）水槽に移さなくてはいけないようであった。夏用水槽は昨年使っていた物を数日前に次男と掃除をして昨年同様植物や石や煉瓦、水飲み場などを配置して準備は出来ていた。フタは冬眠用水槽と兼用なのでそのまま使える。次男と一緒に冬眠用水槽の覆いを外していき、フタを開けると落ち葉の上に六、七匹のトカゲが出てきていた。それを見た次男は嬉しそうに「うわートカゲちゃんいっぱいだ」と感嘆の声を上げた。落ち葉の上のトカゲを二匹ほど捕まえたが、そうこうしているうちに他のトカゲたちは落ち葉の中に潜ってしまった。そこで上から落ち葉をどけていくことにした。落ち葉を少しずつ大きなビニール袋に移していく。万が一落ち葉にトカゲが紛れていてもビニール袋に入れれば外に逃げてしまうことは防げるからだ。次男にビニール袋の口を持たせて「もし落ち葉の中にトカゲちゃんがいたら教えてね」と言うと次男は「うんわかった」と言って袋の口を持ちながら真剣に袋の中を見つめている。何事もないことにこしたことはないのだが、私の言ったことを真面目に遂行している次男を見ていると段々気の毒になってきた。そこでわざと落ち葉と一緒にトカゲを一匹ビニール袋の中に入れてみた。すると次男が「ああっトカゲちゃん今いた！」と夢中で私に報告してもう一度ビニール袋の中を見て真剣にトカゲを探している。私も「えっ本当？大変だ」と言って一緒にビニール袋の中を覗き込んだ。「ああっ　いた　ここ　ここ」と次男が指さしながら私に居場所を教えてくれた。「貫《カン》ちゃん捕まえてよ」と私が言うと次男は「えー父ちゃんやってよ」と返してきた。「大丈夫だからやってごらん」と言うと「よーし」と言ってやる気になったようであった。私がビニール袋の口を開いて持って、次男が両手で捕まえにかかる。何度か空振りの後「とったあ」と言うのでよく見ると、落ち葉と一緒に確かにトカゲを掴んでいた。真剣なのでかなり強く掴んでいるようであった。あまり長いこと掴んでいるとトカゲが死んでしまいそうなのですぐにトカゲの入れ物を取って次男の手の下に持って行くと間一髪。逃げようとしてもがいたトカゲが次男の手から抜けるのと入れ物を差し出すのがほぼ同時であった。「あーよかった」次男と私が同時にそう言って安心したのか二人で暫く笑っていた。

慎重に落ち葉をビニール袋に移していき、殆どの落ち葉を移し終えると地表には十匹ほどのトカゲがいるようだった。今度は植物の器や煉瓦などを取り除き、地表には何もなくなった。虫捕り用のカップでトカゲを捕獲して別のコンテナボックスに移していく。冬眠装置の発泡スチロールの壁は結構高さがあるので、この作業は次男には難しい。そこで次男にはトカゲの数を数えてもらうことにした。私が「貫ちゃんはトカゲの数を数えてくれるかな?」と言うと

「うんいいよ」と言って真剣に数えている。「いち、にぃ、さん・・・あれーもう一回」数えているそばからトカゲたちはそれぞれ勝手に動き回るので苦戦しているようであった。私としては次男を退屈させないようにするための作戦だったのでまずは目論み通りであった。この間に急いでトカゲを捕獲して次男が数えている入れ物に移していった。私も必死で作業をしていると次男が「ああー、父ちゃんトカゲちゃん入れないでー」と叫んだ。そして「あーあ、分かんなくなっちゃった」と悔しそうに言うので、「ごめん、ごめん、そうだよね、分かんなくなっちゃったよね」と謝って、「でももう大丈夫だよ。殆どのトカゲは捕まえたから、後は土の中に潜っているトカゲを探して、全部のトカゲを捕まえたら今度は表の入れ物に入れる時に数を数えながら入れていこう」と言うと「ああそうか、そうだね」と次男もうまく乗ってきたので、なんとか誤魔化せた。そしてそのまま次の作業へ移ることとなった。今度は土に潜っているトカゲ探しである。地表にいたトカゲを捕獲している間にも何匹かのトカゲが土の中に潜ってしまったので、まだ5匹ぐらいは土の中にいるはずである。トカゲを移した入れ物とは別のコンテナボックスを用意してそこに冬眠用水槽の土を移していく。今度こそ本当に土と一緒にトカゲが紛れ込むかも知れないので、次男によく見ているように頼むと、喜んでそれに応じてまた真剣にコンテナボックスの中を見つめている。実際、何度目かの土の中にトカゲが紛れ込んでいた。今回も次男はそれを目ざとく見つけて私に報告してくれた。そこでまた次男にトカゲを捕まえさせることにして、そのコンテナボックスの真横にトカゲの入っているコンテナボックスを並べて置いてやった。次男が捕まえようとするがトカゲも素早く身を躱《かわ》してなかなか捕まらない。「おお、そうだ」私はそう言うと自分が使っていた虫捕り用のカップを次男に渡した。すると次男は「ああ、それか」と言って受け取り、慣れた手つきであっという間に見事にトカゲを捕まえた。そしてすぐ横のトカゲのコンテナボックスに移した。私が「やったね。上手、上手」と言うと次男も嬉しそうに「うん、うまくいった」と満足そうであった。そこで、残りのトカゲもわざと土と一緒に次男の見ている目の前に落として同様に次男に捕まえさせることにした。上手く間が保つように作業の進み具合を見ながら私のタイミングでトカゲを紛れ込ませ次男に捕まえさせる。捕まえようと一生懸命やっている次男の姿と捕まえた時の満足そうな顔が何とも言えず、わざとやっていたにも拘わらず楽しい体験をさせてもらったと思う。

その後、次男と一緒に表の夏用水槽にトカゲを移す作業をした。水槽にコンテナボックスを横付けして数を数えながら一匹ずつ水槽に移していく。これも次男に任せることにした。虫捕りようカップを片手に次男は必死で頑張っている。最初は自分も数を数えていたようだったが、そのうち夢中になって数えるのを忘れてしまったようだった。私が数えていたので問題はなかったが、全部移しきった後で次男は「あー疲れた」と言って放心状態だった。冬眠前に数えておいた数と同じだったので、みんな無事に冬眠を乗り越えてくれたことになる。初めての試みで不安の方が大きかったが、無事成功したことで胸を撫で下ろすと同時に大きな感動と『これで良かったのだ』という自信が得られた。

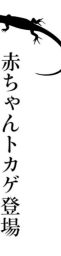

赤ちゃんトカゲ登場

夏用水槽に移しても暫くは餌を入れてもそれ程興味を示さない感じだった。日数で言うならば十日程であろうか。その後は次第に餌を食べるようにはなったが、それから次第に追いかけっこのようなことや、お互いに噛みついてケンカのようなことを頻繁にやるようになり、食事は二の次のような感じであった。後で気付いたことだが、どうやら繁殖期だったらしい。その時期はまだ虫たちも少ないため、餌をどうやって確保するかということに無我夢中だったので、繁殖期などということは考えもしなかった。

次第に餌となる虫たちも増えてきて虫捕りも毎日ではなくなったが、日常のトカゲの世話は餌と飲み水の補充が主なものである。時々目立つ排泄物などを箸で摘んで取り除いたり、植物の水やりをしたりするくらいであった。毎日一度は水槽のフタを開けて中の確認をするが、補充の必要がなければそのままフタをして後は外からトカゲの様子を見る程度であった。そんなある日、水槽のフタを開けると尻尾の青い赤ちゃんトカゲが数匹出現していた。昨日まではいなかったのに突然の登場で、何がどうなったのか一瞬分からなかったが、よく考えれば成体のトカゲが十五匹も同じ水槽の中にいるわけだから繁殖して当然である。トカゲは卵を土の中に産むので全く気付かなかったのだ。生まれてきてくれたことはとても嬉しい気がしたが、知らない間にすべて事が進んでいて、既に孵化《ふか》してしまったことは正直なんとなく悔しい気もした。この水槽の中でもトカゲたちが自然界と同じように生活出来ているという一つの証明であり、飼い方として間違ってはいないという自信にはなったが、飼っている立場としてはもっと注意深く観察をしていれば繁殖期にも気付けたであろうし、その後の対応についても事前に考えておくことが出来たのではないかと思うと悔しかった。そんなことを考えながら眺めていた私は、直後に自分の行き当たりばったり的な余裕のない飼い方を猛烈に反省しなければいけないという、何とも悔しい思いをすることになったのである。

一匹の成体のトカゲが赤ちゃんトカゲを追いかけ始めたのである。そして赤ちゃんトカゲはしっぽを噛まれて尻尾を切った。私にも事態がはっきりと飲み込めた。成体のトカゲは赤ちゃんトカゲを食べようとしているのであった。成体のトカゲは切れた尻尾には目もくれず赤ちゃんトカゲ本体を追いかけていく。私もとっさに成体のトカゲを押さえようとしたが、間に合わずついに成体のトカゲは赤ちゃんトカゲを咥えてしまった。やっとのことでその成体トカゲを捕まえて何とかしようと試みたが、咥えた赤ちゃんトカゲを離そうとはせずそのまま呑みこんでしまった。生まれてきたばかりの命がこんなにすぐにこんな形で終わってしまったことに何とも言えない悔しさと、何も出来なかったことへの怒りが込み上げてきた。しかし同時にそんなことを考えている時間はないとも感じた。他の赤ちゃんトカゲも同じ運命にあるかも知れないということだ。もう既に私の知らない間に食べられてしまった赤ちゃんトカゲがいたかも知れないが、気付いたからにはこれ以上同じ過《あやま》ちをしてはいけないと思った。とにかく今出てきている赤ちゃんトカゲを別の入れ物に移す必要がある。今赤ちゃんトカゲを食べた成体のトカゲも別の入れ物に一匹だけ隔離して、すぐに赤ちゃんトカゲの捕獲を開始した。虫捕り用のカップと箸を使って捕獲していくのだが、赤ちゃんトカゲをどのくらいの力加減で挟めば良いのかも分からない。そもそもトカゲを箸で捕まえること自体やったことがないのだから、難しいのも当然である。時間との勝負だということを意識して焦っていることもあり、なかなかうまくいかなかった。とにかく一匹ずつ少しでも早くという気持ちで作業を続けた。捕獲に邪魔なので、地表に置いていた植物を植えた器をどけるとその下にもまた別の赤ちゃんトカゲが数匹隠れていた。私はさらに作業を急がなければならないと思い必死だった。ただ私がいたことによるのかどうか分からないが、他の成体のトカゲたちは赤ちゃんトカゲを追いかけることはなく、何とか地表にいた赤ちゃんトカゲは無事保護した。

少し時間を置いて水槽を見に行くとまた赤ちゃんトカゲが出現していたので、先程と同じように捕獲して別の入れ物に移していった。その後、数日間同じように赤ちゃんトカゲの捕獲作戦が続いた。赤ちゃんトカゲが出現しなくなったので、最後は水槽の掃除を兼ねて成体のトカゲたちも別の入れ物に移しながら水槽の中を総浚《そうざら》いして、赤ちゃんトカゲや卵が残っていないか確認した。掃除をしていく中で卵の殻（殻とは言っても柔らかい）ら

しきものが多数確認出来た。孵化していない卵や赤ちゃんトカゲはもう残っていなかった。これで赤ちゃんトカゲの捕獲作戦は終了である。捕獲した赤ちゃんトカゲは全部で三十三匹だった。

間口四十センチメートル、奥行き二十センチメートル、高さ二十五センチメートルのプラスチック製の水槽に土を入れ、鉢受け皿に植物を植えた物や石、木の枝、ペットボトルキャップの水飲み場数カ所などを配置してその中に赤ちゃんトカゲたちを入れた。とりあえず全部の赤ちゃんトカゲを捕獲するまでの仮の住まいであったが、小さいサイズの虫を与えるとすぐに反応し自分で捕まえて食べる

ので、餌を与えながら十日程が過ぎてしまった。しかしさすがに三十三匹を飼い続けるのは無理だと思い、自然界に還すことにした。よく観察していると同じように見える赤ちゃんトカゲも大きさや動きがそれぞれ違うことが分かった。何匹も餌を食べることが出来る個体もいれば、全く餌を捕まえられない個体や折角餌を捕まえても仲間に奪われてしまう個体もいる。逞しく生きていけそうな個体は自然界に還して、このまま自然界に還しても生き残れそうもない個体を主に残して引き続き飼うことにした。切りの良いところで元気な個体も含めて十匹を残してあとの二十三匹は自然界に還した。

成体のトカゲの餌を捕るのも大変だが、小さいサイズの餌を捕るのは非常に大変である。それでも、与えると夢中で餌を追いかけて、捕まえると成体顔負けに丸呑みして満足そうに舌なめずりをするその姿は、餌を与えた側にも満足感を与えてくれる。今までより匹数が減ったので多めに餌を入れてやることで殆どの赤ちゃんトカゲは自分で餌を捕まえて食べていたが、その中で一匹は全く餌を捕まえられない様子であった。おまけに仲間に尻尾を噛まれて切れてしまったようで何とも惨《みじ》めな感じであった。もう一匹は餌は時々捕まえるものの他のトカゲに奪われてしまうようであった。この二匹は別の小さな入れ物に移して餌を沢山入れてやることにした。何とか死なせずに飼うにはどうしたら良いのかと必死に考えた結論である。自然界で生き残れない個体を生かしてしまうことは自然の摂理に反することになるのかも知れないが、見てしまっては何とかしてやりたいと思わずにはいられなかった。餌の方からぶつかってくるくらいの状態にして餌を捕まえるチャンスを増やしたのである。『下手な鉄砲も数打ちゃ当たる』と言うが、思った通り餌を全く捕れなかったトカゲも一日に何匹かは補食出来ているようであった。

このような状態で一ヶ月ほどが過ぎて九月になっていた。卵から孵化したのが七月下旬から八月上旬だったので、夏の一番暑い時期の一ヶ月ということになる。この頃には保育器で育った二匹も大分大きくなってしっかり自分で餌も捕れるようになっていたので、他の仲間がいる水槽に一緒に入れてみることにした。保育器の中で自分たちだけの餌を存分に食べたこともあり、一匹は他の仲間と一緒になっても何の遜色もないほどになっていた。尻尾の切れた一匹はそれでもやはり少し小さめであった。餌を入れると尻尾の切れたトカゲも早速餌を捕まえた。そこへ別のトカゲが来て二匹で取り合いになったが、終には尻尾の切れたトカゲが餌を勝ち取った。もう心配ない。仲間と一緒に生活出来ることだろう。

因《ちな》みに赤ちゃんトカゲが誕生する時期は、上手い具合に草原では小さいコオロギなどが大量に発生する時期と重なっている。お陰で赤ちゃんトカゲたちはその小さい餌を捕食して成長することが出来るようである。自然界の赤ちゃんトカゲたちは各自勝手にそれらの餌を食べるわけであるが、我が家の赤ちゃんトカゲたちの餌は私がすべて調達しなければならない。確かに草原に行けばたくさんのコオロギたちがいる。最初はコオロギたちの動きも遅くて一度に飛ぶ距離もそれ程でもないのだが、やはりコオロギも成長と共に動きも速くなり飛ぶ距離も長くなってくる。さらには危険を察知する能力も格段に上がって捕獲しにくくなってくる。今まで草原でしゃがめばその場で数匹捕獲出来ていたコオロギがだんだん目の前にはいなくなってくる。要するに一歩先二歩先へと先手を打って逃げているのである。ただでさえ小さいコオロギが先手を打って逃げているとなると、全くコオロギがいなくなったように感じる。『この前まであんなにたくさんいたのにどうしたんだろう。何で一匹もいないんだろう』と最初は思ったものである。しかし、よく観察してみると自分が立っているところより一メートル程先の草が時々揺れていることが分かった。コオロギが逃げる時に草を蹴って跳ぶことで草が揺れるのである。であるからしてコオロギ自体はさらに先にいるということである。コオロギが全くいなくなったように感じるのも無理はない。原理が分かればそれに対応しなければならないのだが、近付けばさらに逃げるわけであるから、今までのようには捕獲出来なくなってしまったのも事実である。今までも目は皿のようにして虫捕りをしていたが、さらに双眼鏡の機能もプラスして事に臨むこととなった。しかし、双眼鏡に映ったものにすべて手が届くわけではないので、悔しい思いもたくさんすることになった。勿論コオロギも命がけであるわけだから正に戦いである。小さなコオロギが跳んでしまうと一瞬見失ってしまう。見つけたらなるべく静かに近付き、跳んでも見失わないように先読みをして跳んだ先を瞬時に見極める。また、草の間を跳ばずに移動しているコオロギなども、地面と同じような色をしているので分かりづらいが見逃さないようにして捕獲する。さらには草が朝露で濡れている時間帯に虫捕りをすると、コオロギの跳ぶ距離も露に阻まれて少し短くなるので比較的捕獲しやすい。後は、コオロギのジャンプミスや時々どこからか目の前に飛び出してくるコオロギを見逃さずに捕獲するなどして、何とか必要な分を確保しなければならない。草原にある細くて長い葉がたくさん出ている植物の葉の先端などに着地したコオロギが次に飛ぼうにも足の踏み場がなく、葉の先にしがみついたままもたついていることがあるのでそれを見逃さず捕まえる。しかし目の前に飛び出してくるコオロギもすべて捕獲出来るわけではない。私が持っている虫捕り用のカップの縁やカップを持っている方の手などに停まられるとどうしようもない。目の前にいるのに何も出来ずに逃げていくのをただ見ているだけである。『どうだ。ここに停まられたら捕れないだろう』と言って私のことを嘲笑《あざわら》っているかのように感じてしまう。これも悔しい思いの一つであるが、その悔しさをバネにしてさらにたくさん捕獲するようにしている。毎日草原で一時間以上ウロウロしながらしゃがんだり立ち上がったりを繰り返して虫捕りをしているのである。理由を知らない人がその様子を見たならば『何をしているのだろう?』と不思議に思うことは間違いない。怪しい行動をしている人物として通報されても不思議ではない。非常に疲れる仕事ではある。自分でも『毎日よくやるなあ』と思うことがあるが、赤ちゃんトカゲたちが美味しそうに餌を食べている姿を見ると疲れも吹き飛んでしまうのである。

赤ちゃんトカゲの冬眠

予測していなかった赤ちゃんトカゲの登場で慌《あわ》ただしい夏であったが、気付いてみればもうすぐまた冬眠の時期を迎える。今回は赤ちゃんトカゲたちも冬眠させなくてはならないことに気付いた。今から自然に還せばまだ何とか順応して、冬眠も含めて自然界のトカゲと同じようにやっていけるのではないかとも考えたが、飼い始めてしまうとやはり愛着が湧くのか、このまま冬眠をさせて飼い続けたい気持ちの方が勝った。卵から生まれてすぐから人間を見ているせいか、赤ちゃんトカゲたちは人間をあまり警戒していないように見えるのだ。特に保育器で育てたトカゲたちは入れ物のフタを開けると隠れる素振りも見せず私の方を見上げるのである。私が餌を与えていることをちゃんと分かっている様子で、ワクワクして期待を込めた眼差しで見つめてくるのだ。そんな風に見られると余計に可愛いと思ってしまい、手放せなくなってしまった。成体のトカゲについては一度冬眠に成功しているので何とかなるような気はするが、

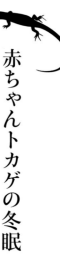

赤ちゃんトカゲについては初めての試みで不安も沢山ある。しかし自然界の赤ちゃんトカゲたちも冬眠は今回が初めてであり、やり方を親が教えてくれるわけでもなく、自分でどこかに潜って冬を越えるのである。人間慣れしたトカゲでもそういう本能とか習性とかいうものは既に持ち合わせているのだろうから、大丈夫なはずだと私自身に言い聞かせてチャレンジしてみることにした。とにかく今私に出来ることは、冬眠を迎えるまでにどれだけ栄養を蓄えさせてやれるかということ、つまり食が細くなる前までに餌を沢山与えてやるということだけであった。

それから一月ほど成体にも幼体にも餌をなるべく沢山入れてやるようにしたが、成体のトカゲは気温が高く天気の良い日でも姿すらあまり見せなくなり、餌も殆ど食べない感じであった。それに比べて幼体のトカゲたちは殆どが天気の良い日には朝から日光浴をして餌も良く食べていた。毎日見ていると気付きにくいのだが、全長は個体によって多少の差はあるものの、それぞれ生まれてすぐの時の二倍近くになっていた。

そんな幼体トカゲたちも間もなくあまり餌を食べなくなり、いよいよ冬眠が秒読みに入った。昨年同様、二段重ねにした水槽に湿らせた落ち葉を入れその上から土を下一段分入れた。そして地表に植物や煉瓦、石、水飲み場などを配置して、その上からそれらが隠れるくらいの乾いた落ち葉を入れて霧吹きで表面に水をかけた。冬眠用水槽の準備が出来たので、次は夏用水槽の中のトカゲたちを連れてくる番である。夏用水槽の掃除を兼ねて地表に置いてある物を水槽の外に出し、地表にいるトカゲを捕獲し別の入れ物に移していく。その後、掃除機で地表の排泄物等を取り除き、いよいよ地面を掘り返して土に潜っているトカゲたちを捕獲する。同様にして幼体トカゲたちも捕獲した。そして捕獲したトカゲたちの数を数えながら冬眠用水槽に入れていった。成体が十五匹、幼体が十匹の合計二十五匹だった。冬眠用水槽は一つしかないので成体も幼体も一緒に入れてしまったが、前述の通り幼体もかなり大きくなっており、もう食べられてしまうこともないと判断したからである。後は春に幼体も元気に出てきてくれることを祈るばかりである。

やがて春がやって来た。冬眠もそろそろ終わりである。昨年同様、時々冬眠用水槽の様子を見ながら冬を過ごしてきたが、今年も既に三月中には数匹のトカゲが落ち葉の上に出てきていた。その中に幼体のトカゲも数匹混じっていたので、どうにか冬を越せたかと少し不安が和らいだが、まだ全部出てきたわけではないので、ぬか喜びにならないように慎重に経過を見守った。見守るとはいうものの土の中がどうなっているのかなど分かるわけもなく、昨年すべての

1年目トカゲ

2年目トカゲ

2年目トカゲにおんぶされる1年目トカゲ

トカゲが無事に出てきてくれた経験と冬眠装置の性能とトカゲたちの生命力を信じるしかなかった。そして夏用水槽に移す段階で初めて、今回も幼体を含めたすべてのトカゲが無事冬眠を終えたことを確認出来た。二年続けての冬眠成功、初めての幼体トカゲの冬眠成功という新しい経験が自分に加わった。

冬眠珍事件

最初はこのように無事冬眠が終えられるかが心配で、冬眠前と冬眠後のトカゲの数をきちんと数えていたが、慣れてくると次第にそこまできちんと数を数えなくなってしまっていた。それによって後日、冬眠に関連してさらに驚きの経験をすることになったのである。

何度目の冬眠かは忘れたが、冬眠をさせるための準備で冬眠用水槽の土を別の入れ物に移していた時のことである。冬眠用水槽の土の中からトカゲが一匹出てきたのだ。春に全部掘り出したつもりだったのだが、一匹残っていたのであった。他のトカゲたちが表の水槽で餌を食べ日向ぼっこをしていた夏の間、一匹だけ餌も食べずに段ボールで覆われた暗い冬眠用水槽の中で、春が来たことも夏が来たことも知らずに過ごして来たのである。今頃その存在に気付いてもどうしてやることも出来ない。もうすぐ冬眠の時期である。今から餌を与えてももう間に合わない。夏の間に沢山餌を食べて冬眠の間の栄養を体に蓄えることが必要なのだろうが、もうそんな時間はない。他のトカゲたちはもう餌を食べなくなっている時期である。消化器官に食物を入れたまま冬眠することは腐敗の危険性がある。トカゲたちは夏の間に出来るだけ栄養を蓄え、冬眠間際には食べず、消化器官を空《から》にして冬眠に入るのだ。今から餌を与えることは体に良くない。そうは言ってもこのまま冬を越えることが出来るのだろうか。様々な思いが頭の中を駆け巡ったが、決断しなくてはならない。夏の間も冬眠と同じようにあまり動かず土に潜って過ごしていた様子なので、それ程栄養を使っていないのではないかと考えた。トカゲに向かって「おまえどうする?」と問い掛けたが答えるわけもなく、私自身が決めるしかなかった。「ゴメンな、あと半年冬眠していてくれ」私はそう言って、他のトカゲたちと一緒にこのトカゲもそのまま冬眠用水槽に入れたのだった。この時はしっかり冬眠前にトカゲの数を数えて冬眠をさせ、春に出てきた時にも数えたが、冬眠したトカゲはすべて無事に出てきていたのである。掘り出し忘れて二期連続で冬眠させてしまったあのトカゲも他のトカゲより明らかに痩せてはいたが、見事に生きていたのである。要するにあの一匹は一年半の間何も食べずに過ごしたことになるのだ。とてつもない生命力である。これは恐らくこのトカゲだけのことではないのだと思う。夏の間に可能な限り栄養を蓄えたトカゲは、冬眠の環境であれば一年半くらいの期間は冬眠して過ごすことが出来るということなのかも知れない。

自然界ではまずあり得ないことであろう。飼われていたことによる偶然の事故と飼い主の身勝手な決断によって起こった珍しい出来事である。このトカゲにとっては災難であったことは間違いない。これによって体に無理をさせてしまい、いくらか寿命を縮めてしまったかも知れない。生きていてくれたから良いようなものの、下手をすれば死んでしまっていたかも知れない。逆にもしかしたらもっととんでもない生命力を持っているのかもしれないが、それを調べることはトカゲにさらに負担をかけることになる。そもそも意図してやったことでもないので、私はこれ以上のことをするつもりはない。とにかく偶然とは言えすごいものを見せてもらったことに感謝、そして生きていてくれて本当に良かったという思いであった。

さらに違う年の冬眠の時には逆の出来事があった。春になって夏用水槽にトカゲたちを移す準備をしていた時のことである。夏用水槽の土のゴミなどを取り除くために土を篩《ふるい》にかけていた私が土を掘っていくと、中からトカゲが一匹飛び出してきたのだ。冬眠用水槽に移す時に掘り残してしまったらしく、夏用の水槽で冬を越してしまったのだ。冬眠用の水槽にトカゲたちを移してしまった後の夏用水槽には土はそのまま入れておくが、植物の器も洗って空にして、その他のも洗って乾かして水槽の中に適当に入れておくだけである。水飲み用の器も空にしてしまっているし、土に湿り気を与えるなどということは全くしない。従って、ひと冬その状態で置いておくと春には土は完全に乾燥してさらさらな状態になってしまう。このトカゲが出てきたのもそんなさらさらの土の中からであった。冬とは言え日当たりの良い南向きの場所に夏用水槽は置かれている。まして冬は太陽の軌道が低いので水槽の奥の方まで陽が差し込むのである。乾燥するのも無理はない。冬眠中はとにかく土が乾燥しないように注意するというのが鉄則なのだが、こんな乾燥した土の中でも冬を越して元気に飛び出してきたことに驚きを隠すことは出来ない。この時もトカゲの生命力のすごさを実感した。

冬眠に関連したことで私が体験した出来事を二つほど上げてみたが、これらのことからトカゲという生き物はある程度厳しい状況下でも生きていける生命力、つまりその環境に順応する力と耐える力を兼ね備えているのだと考えられる。非常にタフな生き物ということが出来る。天敵によって命を奪われることは仕方がないことなのかも知れないが、その他の環境的なものについては、自然界といえども冬を越すことぐらい何ということもないのかも知れない。

数年はコンテナボックスと小さなプラスチック製の水槽数個で過ごしたトカゲたちであるが、

幼体も成長して小さな水槽では手狭になった。コンテナボックスの水槽をもう一つ作ることも考えたが、コンテナボックスはやはりあまり見通しが良くない。さらに今後、トカゲが増えてしまった場合に入れ物の数ばかりが増えて管理が大変になってしまうことが予測される。また、コンテナボックスでは高さが不十分で中に入れる土の深さも浅く、地表に置く物も高さ制限が必要になって来る。トカゲたちは土に深く潜りたくても潜れず、窮屈な生活をしなくてはならない。そこで、トカゲたちが冬眠している間に思い切って大きな入れ物を作ることにした。

ホームセンターで材料を揃えることにした。片面が耐水加工してあるコンパネと一辺が三センチメートルくらいの角材、ネジ、釘、塩ビ板、網戸用のネット等を購入してきた。これらを使って間口約九十センチメートル、高さと奥行きが約六十センチメートルの入れ物を作ることにした。側面と底面はコンパネの塗装面を内側にして使い、水分や汚れに対応出来るようにした。コンパネ同士の接続部分は角材を使って内側から補強する。前面は塩ビ版を使用して中が見えるようにした。塩ビ版は角材を使用して差し込み式にして交換可能にした。何年かして風雨や日差しなどの影響で塩ビ版の透明度が落ちてきた時に新しい物と交換出来るように工夫した。フタは幅七センチほどの板と角材を使用して下の入れ物に合わせて上から被せる形にした。

上面の約四分の一をコンパネの残りの板で開閉式のフタにして、残りの四分の三をネット張りにした。ネット部分は上からの衝撃に弱いので、前面と同じ寸法の塩ビ版に角材で下駄を履かせて、塩ビ版のスノコのようなものを作って上面全体をカバー出来るようにした。下駄を履かせたのはネット部分からの酸素供給に支障がないようにするためと、フタ部分のつまみの出っ張りを考慮してのことである。私の家の周りは野生動物も多く生息しており、夜な夜なタヌキやアライグマ、ハクビシンなどが出没している。昼間には野良猫などもよく見かける。それらが水槽上面のネットの上などに乗ろうものならたちまち破れてしまうだろう。万が一そのような

ことがあっても大丈夫なように備えた。先のことも見越してこれと同じ物をもう一つ、合わせて二つ作成した。これだけ用意してあれば、この先いくらか数が増えても対応出来るだろう。この水槽を置く場所を確保し、コンクリートブロックを並べて台を作った。さらに日差しの調節が出来るようにするため、水槽と同じ大きさのキャスター付きの丈夫な台を購入し、その上に水槽を載せて前後に動かせるようにした。

水槽が大きくなったということは中に入れる土の量も増えるということである。底面積はコンテナボックスの二倍ほどになるので少なくても今までの二倍の土が必要である。さらに今までは高さ制限があり決して充分な量の土ではなかったことを考えると、出来れば今までの二倍

の厚さの土を入れたいと考えた。従って一つの水槽に今までの四倍の土が必要になり、その水槽が二つあるので土は今までの八倍必要になるということである。今までのコンテナボックスまるまる一杯分が今度の水槽一つ分の土という計算になる。コンテナボックスまるまる二杯分の土を用意するのは大変な作業である。構わずスコップで掬《すく》ったまま入れるならばそれほどでもないのかも知れないが、今までの経験上、土に潜っているトカゲを探す時などはやはり素手で掘りやすい土の方が良い。掘りにくい土を掘っていくと力も必要で、万が一トカゲの尻尾を強く刺激してしまうと切れてしまうなど弊害も出てくる。石などが含まれていれば尚のことであるから、やはり土は篩《ふるい》で篩《ふる》った軟らかい土にしたいと思った。二倍の深さの土でトカゲたちにゆったりとした生活をさせて

あげたいという思いで、一輪車に篩とスコップを積んでいざ出陣。ある日の午後から作業を開始したが、予想以上に大変な作業となった。スコップで掬った土を一輪車に篩で篩い落とすというものであるが、一輪車に落ちる良い土よりも篩に残る石やゴミなどの方が多いのだ。さらに完全に乾いた土ではないため頻繁に土で篩の目が詰まることも作業の進行を遅くさせた。午後一杯かかっても一輪車の荷台のすりきり一杯あるかどうかの量だった。コンテナボックス一杯は恐らく一輪車山盛り一杯くらいだと思われる。まだまだであるが暗くなって来てしまったので、一時中断をしてまた後日続きをやらなければならない。それも一日では終わりそうもない。一体どのくらいの時間がかかるのか、気が遠くなりそうだった。午後一杯篩を篩い続けたので、結構腕も腰も疲れて中腰で

体が固まってしまった感じだった。

折角苦労して篩った土なので、一輪車の荷台を板で覆い重しを載せて野生動物や野良猫に悪戯《いたずら》されないようにした状態で軒下に置き、その日の作業を終えた。

数日後続きをやることになった。この前の分は空《あ》いていたコンテナボックスに移して一輪車を空《から》にした。思った通り一輪車の荷台すり切り一杯ではコンテナボックスの半分強程度しかなかった。この日は朝から作業を始め、昼食もとらずに夕方まで作業を続けたが、それでもやっと一輪車山盛り一杯くらい、要するにコンテナボックス一杯分であった。この前の分を含めてもまだ少し足りない。もう半日ばかり作業をしなくてはならないことになる。一日篩を篩い続けるとさすがにきつい。この前の疲れもまだ完全には回復していなかったのか、途中で何度も腰が辛くなり休み休み何とか続けたので、前回よりも効率は良くなかったようである。次の作業は十日後くらいに行ったので体は回復していたが、やはり半日以上かかってしまった。

きつい作業であったが何とか必要な土の量を確保出来たので、早速新しい水槽に入れてみることにした。コンテナボックスごと一輪車に積んで新しい水槽の所まで運び、スコップで土を移していくことにした。コンテナボックス一杯の土は結構な重さであるが何とか持ち上げ一輪車に乗せた。そこから水槽の所まで行くには坂道を押し上げなくてはならない。これらの作業も結構きつい作業ではあったが、一日篩を篩い続けるのに比べたら一瞬のことのように思えた。それに新しい水槽に土を入れるというのは船で言うところの進水式のようなものであり、水槽を作った本人からすれば非常に感慨深いものである。その下準備であるわけだから何の苦もない。水槽のすぐ前に一輪車を横付けしていよいよスコップで土を入れることになった。記念植樹のようにスーツにリボン付きのスコップのような洒落た演出ではなく汚れた作業着に普通のスコップだったが、とても幸せな気分であった。

すべての土を入れ終えて土を均《なら》してみると深さにして十二センチメートル程になった。手触りも良く予定通りということで非常に満足のいく結果となった。早くトカゲたちを入れてあげたいと思ったが、それは冬眠が明ける五ヶ月近く先にお預けである。土の他にも中に入れる煉瓦や石、植物用の器や水飲み用の器、木の枝なども二つの水槽それぞれに用意して配置しておくことにした。今度の水槽ではトカゲたちが日光浴をする場所の一つとして、コンクリートブロックをまるまる一つ入れてもまだまだ広い場所があり、植物を植えた鉢受け皿も四カ所くらい入れられる。木の枝なども八十~九十センチメートルの物が数本入れられるし、植物が水槽の中でかなり生長しても大丈夫な位の高さがある。そう言った目的で水槽を作ったわけであるが、私が予想した以上の広さと高さと機能を有する素晴らしい出来映えに、我ながら良くやったものだと自画自賛であった。

冬眠用の水槽も年月と共に次第に老朽化して、フタの一部が欠けるなど不具合が生じてきた。そこで新しい物を作ることにした。夏用水槽と同じ片面が塗装してあるコンパネを使って、以前のコンテナボックスを二段重ねた物とほぼ同じ大きさの物を作ることにした。側面と底面はコンパネの塗装面を内側にして使い、フタは同じコンパネを加工して上から被せる形にして中央部分に少なめにステンレス製の目の細かい網を張った。以前のコンテナボックスの物と比べて側面や底面の厚みは

冬眠中　メス

五倍ほどに厚くなった。このためかどうかは分からないが、最近は地中に潜らず地面と上に分厚く敷き詰めている落ち葉との間で越冬してしまうトカゲも数匹いる。壁が厚くなったことで以前よりも寒気を通しにくくなっているのかも知れない。また分厚く入れてある落ち葉は上面からの寒気を和らげてくれているのかも知れない。人間でも寒さをしのぐためめに中の服と上着の間に新聞紙をくしゃくしゃにして丸めた物を入れると良いということを『デイ・アフター・トゥモロー』という映画の中で言っていた。フタと地面の間に分厚く入れてある落ち葉はこのような役割をしているのかも知れない。このことで普通は見ることが出来ない冬眠中のトカゲの様子も見ることが出来た。夏用水槽の中で安心しきって日向ぼっこをしている時と同じように目を閉じてじっとし

冬眠中　オス

ている。日向ぼっこと違うのは、手で触れても目も開けないということである。生きてはいるが動かない。これが冬眠中の姿なのだろう。最初は地中に潜らなくて大丈夫なのかと心配になってしまった。確かに昔買ってもらった図鑑にも冬眠の場所は土の中や落ち葉の下などと書かれてはいたが、実際に地中に潜っていない状態を目の当たりにすると正直心配になってしまう。しかし人間が勝手に地面に埋めても果たして良いものかどうか分からないのでそのまま見守るしかない。トカゲ自身が考えてそこで大丈夫だと思ったから潜らずにいるのだろうと考えた。結果的にそのトカゲも無事に春には目覚めたので心配する必要もなかったということだ。それにしてもトカゲはタフな生き物であると改めて感じた。

冬眠から覚めたトカゲの珍しい行動を一つ紹介したい。

毎年ではないがトカゲが冬眠している冬の間に水槽の土をすべて入れ替えて新しくすることがある。前にも述べたように水槽一杯分の土の量は一輪車山盛り一杯分という半端ではない量である。出来れば毎年交換してやりたいところだが、なかなかそうも出来ない。何年かに一度は換えてやりたいと思っているが、大抵は篩で篩ってゴミなどを取り除くだけである。

たまたま土を全部入れ替えた年の冬眠明けにトカゲたちを冬眠用の水槽から夏用の水槽に移

した時のことである。一匹のトカゲが腹側を上にして日光浴を始めたのである。トカゲたちを移し終えて水槽周りの片付けをしていた私はそのトカゲの姿に気付き、慌てて手袋を外してスマートフォンのカメラで撮影しようとしたがカメラを起動させている間に、トカゲは体を元に戻してしまった。時間にして十秒くらいだったと思う。見たことは見たが、証拠になる写真を撮りたかったので残念で仕方がなかった。私ががっかりして手袋をはめ直し作業の続きを始めようとした時、同じトカゲがまた腹側を上にして日光浴を始めたのだ。今度こそはと思い急いでカメラを起動したが、今度は思いの外長い時間その態勢でいてくれたので十数枚の写真を撮ることが出来た。

トカゲたちにとってはほぼ半年ぶりの日光浴であり、それだけでも非常に嬉しいことなのであろうが、たまたま土を全部新しくしたことが重なってものすごく気持ちが良かったのではないだろうか。それにしてもあまりにも無防備な姿で思わず笑ってしまった。自然界ではまず見せることのない姿だと思う。私に長い間飼われ続け、水槽の中での生活に馴染んだトカゲだからこそ見せた行動と言っても過言ではない。少なくとも水槽の中の生活というものがどういうものなのかちゃんと理解した上で、少なからずその生活に満足しているという感じすら見受けられる。水槽の中に天敵がいないことを知っていて、今ここでこういう姿を見せても大丈夫だという絶対の安心を持って行動しているのである。自然界のトカゲも出来ることならば本当はこういう姿をしてみたいと思っているのかも知れない。しかし生きることに必死にならざるを得ないから、そんなことを

思う余裕すらなく生活しているのだ。例えどんな獲物でも食べることが出来て、天敵にいつ襲われるか分からない中で、少しでも大好きな日光浴が出来れば幸せと思い日々を過ごしているのである。天敵に襲われる心配もなく餌にも困ることがないという安心感を与えられ、心に余裕が出来たならば、自然界のトカゲでも腹側を上にして日光浴をするかもしれない。ものを言うことのない生き物であるがその分その行動や態度の中に気持ちが表れているような気がする。私が見ていることを意識してやったわけではないだろうが、このトカゲの行動は嬉しくて仕方がないという今の気持ちを最大限に表していると思う。これ以上の表現をするとすればダンスでも踊るしかないというくらいにトカゲとしては最高の嬉しさの表現だと思う。水槽の土の総入れ替えは非常に大変な作業であったが、こんなに喜んでくれるならばやった甲斐があったというものである。

繁殖期のトカゲたち

冬眠から覚めたトカゲたちはあまり餌に興味を示さない。私は始め冬眠の間の何も食べていない状態から普段の状態に戻るのに時間がかかっているのかと思っていたが、どうもそればかりではなかったようである。もう既に繁殖期に入っていたのである。餌に見向きもせず、追いかけっこやケンカのようなことばかりしていたのはこのためだったのだ。餌を全く食べないわけではないようだが、特に雄は私が見ている所では全く食事をしなかった。常に雄同士で戦っているか雌を追いかけ回しているかという感じであった。雌の方は雄に追いかけられて逃げ回ったり、時々捕まって噛みつかれたりしていたが、その合間には日向ぼっこをしたり餌を食べたりしていた。とにかく目に見えて水槽の中に入れた虫の数が減らないのである。餌を与える立場としては非常に楽であるが、あからさまに食い気よりも色気なのには少々驚いた。よく考えてみれば雄猫なども発情期には何日も家に帰らず遊び回り、そのうちげっそりと痩せて帰ってきたものである。子孫を残すために必要な行動であり、猫もトカゲも全く同じなのだということを改めて感じた。

　繁殖期に関連したことだが、雄同士のバトルが非常に激しいことにも驚いた。繁殖期には私が見ている前でも時々雄同士が追いかけっこをしたり噛みついたりしていた。そもそも雌を奪い合って雄同士が戦うというのが根本的な理由だと言われているが、この雄同士のバトルが雌を奪い合う行動であるならば、戦う二匹の雄の傍らに一匹の雌がいて『♪バトルをやめて～二匹を止めて～・・・』と歌っていなければいけないところであるが、そんな様子は全くない。戦う二匹を尻目に雌は自分が追いかけられないのを良いこと幸いに日光浴をしていたり、食事をしていたりするのである。見ていると、雌がそこにいても雌そっちのけで雄同士が追いかけっこをして、そのうち片方がもう一方を捕まえて首の辺りや前脚などを咥えて交尾のような態勢をとっている。まるで雄と雌の区別がついていないようにも見える。あるいはこれが縄張り争いで周りの雄を全部圧倒してその後、雌と交尾をしようということなのだろうか。何《いず》れにしても少し違和感のある行動である。すべての雄がそうというわけではないのだが、数匹の雄は常に雄雌関係なく周囲のトカゲを追いかけては捕まえて交尾のようなことをしている。その他の雄は追いかけられると逃げ回り、何とか振り切ったり時には捕まって交尾のようなことをされたりしている。勿論、嫌がって反撃する雄もいるのでバトルになる場合もしばしば見られる。そうこうしている間に別の雄と雌が交尾していることもよくある。雄が雄を追いかけて噛みついたりする行為が交尾ではなく他の雄を圧倒するためのものであるとした場合、雌がいても交尾もせず他の雄を追いかけ自分の強さを誇示している間に当事者以外の雄が雌と交尾していたのでは何の意味もないような気がする。雄と雌による正常な交尾も含めたこの一連の追いかけっこの結果として数匹の雄は前脚の一部が食いちぎられていたり、中には片方の前脚が根元からないものや後ろ脚の一部がなくなっていたりするものもいる。これに対して雌は食いちぎられてはいないものの、かなり強く噛まれた様子で片方の前脚が暫く二倍ほどに腫れて、腫れが引いた後もあまり動かせないようになってしまったものもいる。雌は噛みつかれた時にあまり抵抗しないので食いちぎられずに済んでいるように思われる。雄は激しく抵抗したり反撃しようとしたりすることで食いちぎられてしまっているようである。この悲惨な状態が雌を奪い合う雄同士の戦いによるものなのか雄雌の区別がつかず交尾をしようとした結果なのかはっきりとしたことは分からないが、繁殖期の雄は雄雌の区別が出来ていない可能性も否定出来ないのかなではないだろうか。何れにしても人間ならば義足を付けなければならないような状態で、かなり生活にも不自由を感じると思われるが、彼らはその状態で普通に木に登り土に潜るなど強く生活をしている。自然界ではどうなってしまうか分からないが、私の水槽の中では何とか生きていってくれると思う。

トカゲの卵と私

繁殖期が来たということはそのうち卵を産むということである。トカゲは土の中に巣穴を作りそこで産卵するので、いつ卵を産んだのか全く分からない。よく観察していると産卵前の雌ははち切れんばかりに胴体が膨らみ、中の卵が分かるくらいボコボコとしてくる。そんな体で時々日向ぼっこをしていることもあるが、だんだん姿を見せなくなる。そして産卵すると今度は卵を自分の体で取り巻くようにして守るのである。要するに産卵前後はあまり姿を見せなくなるわけである。そのうち産卵して細身になった雌トカゲが時々餌を食べに出てくることもあるが、殆ど卵に付きっきりのようである。つまり、いつ頃産んだかについてはおおよそのところしか分からず、どこに何個産んだかについては掘ってみないと分からないのである。したがって、繁殖期に気付かず、雌の体の変化に気付かなければ、ある日突然赤ちゃんトカゲが出現することになるのである。

前回の苦い経験を思い出すと悔しさが込み上げてくる。今回は絶対にあのようなことが起こらないようにしなくてはならない。どうすれば良いかをいろいろと考えてみた。出てきてしまってから捕まえるのは非常に大変であった。出来れば卵のうちに回収して孵化させたいが、人工孵化が可能なのかということが問題である。カナヘビの卵は人工孵化が可能であった。そもそもカナヘビは苔の上や草むらに卵を産んで産みっぱなしであるから、卵は水分を吸収して勝手に膨らんで孵化する。しかしトカゲの場合は母親が付きっきりで世話をするということに何か意味があるようにも思えたので、カナヘビのようにはいかないかも知れない。トカゲの卵は産んでからどのように成長して孵化するのか、土から水分を吸収して大きくなるのかなどの疑問が湧いてきた。人工孵化が可能だとしてその場合、まずは掘り起こさなくてはならないし、トカゲのママから卵を取り上げてしまうことになる。母親から卵を引き離してしまったら孵化しなかったというのでは何の意味もなくなってしまう。どうすればよいか非常に悩んだが、孵化する直前くらいに掘り起こして回収することにした。そうすればそこまでは母親トカゲが面倒を見てくれるわけだし、あと数日のところからであれば私でも何とか孵化させられるのではないかという考えからである。前回赤ちゃんトカゲが出現したのが七月の終わり頃だったので、その前に掘り起こして回収すれば間に合う計算だ。七月十日頃に水槽の掃除を兼ねて卵を回収することにした。

予定通り七月十日に作戦を実行した。予《あらかじ》め赤ちゃんトカゲ用の水槽と同じサイズの水槽を用意して深さ五センチメートル程度土を入れ、中央部分の土をへこませて周りを少し高い状態にして、周りの高い部分にかかるように透明の厚さ二ミリの塩ビ版を載せた。こうすることで窪《くぼ》ませた部分と塩ビ版の間に空間が出来る。この空間を巣穴に見立ててここに回収した卵を並べてみることにした。水槽の中のトカゲたちは地表に置いた物の下などに巣穴を作っていることが多かったので、恐らく母親トカゲたちも同じように巣穴を作りそこに卵を産んでいるに違いないと思ったのだ。巣穴と同じような条件で卵を管理すれば孵化しやすいのではないかという考えからである。塩ビ版を載せたのは中が観察しやすいからである。

水槽のフタを開け地表の物をどけていく。植物が植えてある鉢受け皿をどけた時、その下に母親トカゲと卵を発見した。母親トカゲは私の方を見上げたままじっとしている。話に聞いていた通り体で卵を包むように取り巻いていた。私が手を近づけると母親トカゲは卵を残して巣穴から飛び出していった。怖かったのだろう。残された卵を一つずつそっと回収し孵化用水槽に並べていく。卵は直径一センチメートル弱、長さ十五ミリメートル程の楕円形でちょうどラグビーボールのような形をしていた。数は十二個だった。地表の物を全部どかしたが、もうそれ以上に卵は見つからなかった。今度は水槽内の土を掘り起こしながら卵を見つけていくしかない。端の方から少しずつ土を掘り返していく。少し掘り進めていくと、土の中から卵がコロンと転げ落ちた。その付近の土を慎重に掘っていくと卵が沢山出てきた。数は十三個だった。同様にして掘り進んでいくと所々からトカゲの卵が出てきた。母親トカゲが一緒にいることが殆どであった。卵の数は少なくても九個で、多いと十三個だった。回収した卵の総数は七十六個だった。予想以上に多かったので、孵化用水槽の窪みに並べるのが大変だった。窪みの面積を少し広げて何とか並べきった。カナヘビの卵のように肺の部分を上にする必要があるとすれば孵化の確率は非常に下がる。というのはトカゲの卵にはカナヘビの卵のような薄ピンク色の部分がないのである。どこも同じような色で全く分からない。並べた卵に塩ビ版を被せ周囲に霧吹きで水分を補充した。トカゲの卵に水分が必要なのかどうかも分からないが、巣穴の状態を再現出来れば孵化も不可能ではないという思いから湿らせすぎず乾きすぎずという無難な湿り気具合にするようにした。

卵の表面の感触などはカナヘビの卵と同じようであるが、形は全く違った。トカゲがラグビーボールならばカナヘビは少し歪んだサッカーボールとでもいう感じである。回収した七十六個の卵は形はほぼ同じであるが、大きさは結構違いがあった。一番大きなサイズは直系一センチメートル弱の長さ十五ミリメートルくらい。これより少し小さいサイズは直径八ミリメートルの長さ十四ミリメートル、さらに小さいサイズは直径七ミリメートルの長さ十三ミリメートルくらいの物まであった。どうしてこんなにもサイズが違うのか分からないが、今はただ孵化が上手くいってくれることを祈るばかりであった。

回収してから二週間以上経った七月二十六日、最初の孵化が始まった。いつものように孵化用水槽を見に行くと卵の一つから赤ちゃんトカゲの頭が出ていた。暫く観察してみたが、頭だけ出してそのまま変化がなかった。出られなくて困っているようにも見えたので手助けが必要なのかとも考えたが、手助けをしようにもどんな風にすれば良いのか分からない。こんな状態の時に母親トカゲが何か手助けをするのかも知れないが、もしそうだとしてもこの状況ではそれも不可能である。それに自然界では自力で何とかするしかないのだからもう少し様子を見てみようと思い直し観察を続けていると、ある瞬間一気にスルスルっと卵から抜け出した。生まれる瞬間を見ることが出来てとても感動した。出てきた赤ちゃんトカゲは早速チョロチョロと動き回っていた。少しの間そのまま置いておいたが、その日のうちに赤ちゃんトカゲ用の水槽に移した。次の日見に行くともう既に三匹の赤ちゃんトカゲが生まれており、二つの卵から頭が出ていた。昨日の一匹と合わせて四匹が孵化して、あと二匹がもうすぐ生まれそうな状態である。昨日もそうだったが今日の二匹も頭だけ出た状態で暫くそのままでいる。これがトカゲの孵化の様子としては定番のようである。赤ちゃんトカゲにとっては卵から頭を出すことだけでも相当な体力を使うのだろう。次のステップに進む前の一休みといったところなのかも知れない。昨日の段階で何か介助が必要なのかと考えた自分が非常に甘く、過保護であることを実感した。よく考えてみれば自然界に助産師などいるわけもなく、どんな動物も自力で何とかしているのである。トカゲにとって卵から出るためのこの過程は厳しい自然界で生きていくための最初の試練ということになるのだろう。それから毎日数匹ずつ孵化していき、すべての卵が孵化し終えたのは八月六日であった。途中でへこみカビが生えてきた卵が三個あったが、残りの七十三個は無事孵化した。九十五パーセント以上の成功率であった。

自然界での孵化の割合はよく分からないが、水槽で飼っている母親トカゲが卵を管理している場合でも時々は孵化しない卵があるようである。この後三年ほど同じやり方で卵を孵化させたが、やはり最初は母親の管理下に置き孵化の半月ほど前に卵を回収していた。

たまたま一匹の母親トカゲが水槽の前面塩ビ版の近くに巣穴を作ったことがあった。そのお陰で水槽の前面から巣穴の中の様子が少し見えた。中でトカゲが動いている様子や全部ではないが卵もいくつか産んでいることが確認出来た。ある日観察をしていた時、母親トカゲが卵を一つ咥えて巣穴の外に運び出したことがあった。運び出された卵を良く見るとへこんでいて内部の液体が漏れている様子であった。巣穴の中はそれ程広いわけではなく、孵化用水槽のように卵同士の距離をとることが難しい。卵同士が密集した状態で母親トカゲがそれを体で取り巻いているという具合である。一つでも液漏れの卵があると他の卵までカビが生えたり、腐ったりしてしまう原因になる。そうならないようにこの母親トカゲはつぶれた卵を外へ運び出したようであった。トカゲの習性として母親トカゲが卵に寄り添うことは知っていたが、このようなことをして卵が無事孵化出来るように守っていたのだということが初めて分かった。子孫をしっかりと残すためにただ卵についているだけではなく、しっかりと卵の一つ一つまで把握して管理していたわけである。母親トカゲのこのような行動も習性の一つなのかも知れないが、習性という一言で片付けてしまうことは出来ないくらい緻密《ちみつ》で先のことまで見通した驚くべき行動である。同時に母親として卵を愛《いと》おしく抱くというのではなく、他の卵のためには一つを排除することもためらわず行うという断固とした強さというようなものも感じた。これが自然界で子孫を残していくための厳しさなのであろう。

この年が七十六個中七十三個、次の年が八十三個中七十九個、その次の年が九十一個中八十六個、さらに次の年は百三個中九十七個が孵化に成功した。孵化用水槽は環境的にトカゲの巣穴に非常に近い場所なの

孵化直前のトカゲの卵（左）とカナヘビの卵（右）

かも知れない。人工孵化とはいっても半分以上は母親トカゲの力であることは言うまでもない。母親トカゲが産んだばかりの卵がどんな大きさなのか分からないが、回収してからの卵は大きさ的には殆ど変化は見られなかった。回収した時点で大きさの大小はあったが、小さいものが大きくなっていくわけではなく、大きいものも小さいものもそのまま孵化して赤ちゃんトカゲが出てきた。出てきた赤ちゃんトカゲの大きさは卵の大きさに比例するようであったが、小さいといっても動きは引けを取らないといった具合に何の支障もない感じであった。ただ、小さいものの中に時々自分で餌を捕れないような個体がいることも確かである。このような個体は自然界に還した場合、恐らく数日の内に死んでしまうことだろう。それが自然淘汰というものなの

かも知れないが、自分が関わったことによって生まれてきた命であり、見てしまった以上はそうなることが分かっていて自然界に還すことはどうしても出来なかった。この数年間は生まれたトカゲの数も非常に多く、すべてを飼い続けることは無理であった。生き残れそうにない個体のみを残して後は自然界に還すことにした。生まれた赤ちゃんトカゲが他のトカゲに食べられないようにするための卵の回収であり、孵化用水槽での孵化であった。無事に孵化出来れば目的は達成されたといって良い。下手に餌でも与えたら人間慣れしてしまったり、自分で餌を探す力が低下したりなど、トカゲたちにとってマイナス要素がどんどん増していくことになるだろう。出来ることならば生まれたその日に還すのが一番良いのだが、逆の意味で生き残れそうもない個体を見極めるためには数日様子を見なければならない。様子を見た上で自分でどんどん餌を捕れる個体から自然界へ還していく。五匹くらいずつ別の場所に放していった。放した後、どこへ行くかはまったく分からないが、最初に放す場所としてはなるべく物置や車庫、家の前の植え込みや石垣付近など建物の近くで隠れ場所が多いところを中心に選んだ。池の周りは天敵であるカエルやヘビが集まってくる場所であり、水に落ちる危険性もあるので避けた。出来るだけ生き残って欲しいと思うが、一体どれだけの個体が無事成体になれるのか、自然界

とはそういう世界である。一人でどんどん餌を捕れる個体であってもそれだけでは生き残ることは難しいのだろう。俊敏性や用心深さなど、本来のトカゲの性質をフルに発揮してもどこまで生き残れるか分からない世界である。運というものも大いに関わってくるだろう。そこへ還すということはある意味残酷な仕打ちとも思えてしまうが、これが本来なのである。実際数日後、何気なく歩いていた時に蜘蛛《くも》の巣にかかって死んでしまっている赤ちゃんトカゲを発見した。私が放したものかどうかは分からないが、私が放したトカゲたちも近からず遠からずといったところだろうと思う。別の場所では蜘蛛の巣に尻尾がかかってしまい逃げられないでいる赤ちゃんトカゲを見つけたので蜘蛛の巣から解放してあげたこともあった。蜘蛛の巣というのは私としては意外であったが、結構これで命を落とすケースがありそうだ。トカゲの尻尾もクモの巣には暖簾《のれん》に腕押しといった具合で、自切するにもある程度尻尾に圧迫感を感じないと切れないようである。

母親トカゲの体の仕組み

トカゲの卵に関連したことであるが、卵の大きさが違うことの要因として母親トカゲの個体差によるというものが一つあると思う。ベテランのママは大きな卵を産めるが、成体に成り立ての初産のママは体もまだ小さく、大きな卵が産めないように思う。それから卵は一度に全部産むのではなく、数回に分けて産んでいるようである。一匹の母親トカゲが九個から十三個くらい卵を産むが、初産のママはもう少し少ないようである。産卵前の母親トカゲははち切れんばかりに体が膨らみ、外からも卵の形が分かるくらいボコボコとしてくるが、それでも卵の大きさから考えて同時に十個以上を体内に留めることは不可能である。つまり大きく育った卵から順番に産んでいくと思われる。インターネット等で調べるとやはり、昨日までは一つだった卵が今日は二つに増えていたなどと言うことが書かれていたので間違いないだろう。このことに加えて私は実際、野良猫に惨殺されたトカゲの遺体でその証拠を見たのである。

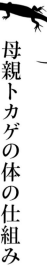

私は庭のコンクリートの上で野良猫に体を引き千切られたトカゲの遺体を発見した。下肢以下がなくなっており、内臓らしきものが周囲に散らばっていた。何やら卵のようなものもいくつか散らばっていた。その大きさは様々で、ある程度大きなものは体の周囲に散らばっていたが、小さくなるほど体に近くなり最終的に体の中から出ている管に繋がっていた。管をよく見ると小さな粒が無数についているのだ。その粒は管の根本へ近付くほど小さくなっている。恐らくこの管は卵管であり、この粒が卵なのである。産み落とされる順番に大きなものから次第に小さくなりながら体内へと繋がっている。これは正に偶然の出来事であったが、このことでトカゲの産卵に関する体の仕組みをはっきりと知ることが出来た。卵を一度に産むのではなく数回に分けて産んでいる決定的な証拠である。昔母から聞いた話であるが、昔はどこの家でも飼っているウサギや鶏を家の者が食肉用に解体することがあったという。我が家でも飼っていた鶏を解体したことがあったらしい。その時体の中に産卵前の卵があり、産卵口付近の大きいものから次第に小さくなりつつ体の奥の方へ管で繋がっていたという。産卵直前のものは既に殻も固くなっており普通の卵と変わりないが、体の奥へ向かうごとに殻はあっても柔らかい状態のものになり、その先はまだ殻が出来ていないものもあったという。母が見たのは恐らく鶏の卵管と卵巣で殻の出来ていないものは排卵前の卵黄、所謂《いわゆる》たまひもキンカンという部分であろう。人間の食材としても珍重されているものである。鶏は一日に普通は一個ずつ卵を産む。トカゲの場合も一個ずつなのかそれとも数個ずつなのか、また個体によって違うのか、そこまでのことはまだ分からないが、機会があったら調べてみたいと思う。

今回、偶然見たトカゲの卵と卵管の仕組みは鶏の仕組みと非常に似ていることが分かる。偶然見つけたトカゲの惨殺体であり、自分としては可哀想に思いすぐに埋葬してしまったので、それ以上の解剖などをしたわけではない。出来る状況にあったとしてもやるつもりもないが、恐らくこの管の奥の体内には卵巣があり排卵前の卵が繋がっているのだと思う。卵自体の性質は鳥の卵とは少し違うらしいが、体の仕組みは良く似ているように思う。実際ペットとして飼われている大型のトカゲが、産卵に関して体に異常をきたした場合、動物病院で手術を受けることがあるらしい。手術の様子や摘出したものの写真なども見たが、卵巣や卵管は鶏のそれと非常に良く似ていた。この体の仕組みと言い卵が孵化するまで卵を守ることと言いトカゲは鳥に近い生き物なのではないだろうか。恐竜も昔は爬虫類として疑いもしなかったのが、近年鳥のような生き物として扱われるようになってきている。昔はワニのような鱗《うろこ》状の皮膚が当たり前だった恐竜も最近では毛が生えていたなどと言われるようになってきている。鳥のような性質を持った爬虫類ということで、正にトカゲはミニ恐竜ということが出来るのではないだろうか。残念ながら実物の恐竜は見ることは出来ない。しかし実際、現代に恐竜が現れたら有名なパニック映画のような事態になってしまうだろう。それを考えるとトカゲを飼うことは安全で、しかも現代で最も恐竜に近い生き物と言うことが出来るならば、その生態から恐竜の生態を想像したり考察したりすることも容易である。

母親トカゲと卵の関係

トカゲの産卵について述べてきたが、もう一つ産卵に関連して不思議な出来事を体験したことがある。毎年トカゲの卵を回収して孵化用水槽に移すにあたって、ちょうど良い機会なので成体用の水槽をきれいに掃除することにしている。手順としてはまず地表のものをすべて取り出す。次に地表にいるトカゲを捕獲する。そして地表にあるトカゲの排泄物やゴミを掃除機で吸い取る。その後、地面を掘りながら卵とトカゲを回収していくという具合である。全部回収し終わった後で念のため水槽の土を篩いにかけてきれいにすると同時に、回収し忘れた卵がないかをチェックすることにしている。土を一度別の入れ物に篩い落とし水槽内の土を全部篩い終わった後で水槽に戻す。土を戻したら平らに均《なら》し、予めきれいに洗って置いたコンクリートブロックや煉瓦、木の枝や新しく植え替えた植物などを配置して、ここに捕獲して別の入れ物に移して置いたトカゲたちを戻せば完了である。

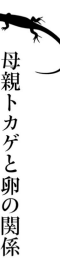

このように隅々まで掃除してトカゲを戻してから十五日後に水槽の中に赤ちゃんトカゲが三匹出現したのである。いつものように水槽内をチェックするためにフタを開けると赤ちゃんトカゲが一匹、目に入った。『どうして?・』という思いと『早く捕獲しなくては危険だ』という思いが交錯した。とにかく早く捕まえなくてはということで手を伸ばすと、赤ちゃんトカゲは植物の鉢受け皿の下に逃げ込んだ。鉢受け皿をどかすとその下には別の赤ちゃんトカゲ二匹と母親らしきトカゲが一緒にいた。あれ程しっかりと確認をしたにも拘わらず赤ちゃんトカゲが出現したのはなぜなのか。回収し忘れた卵はなかったし、外から別のトカゲが入り込むことも確実に不可能である。まだ卵がお腹に残っていたトカゲがいたのかも知れないが、水槽掃除の直後に産卵したとしても十五日で孵化することは考えられない。普通は産卵してから四十日くらいで孵化すると言われている。我が家の場合は既に産んであった卵を途中で回収するわけだが、回収してから孵化するまでがおおよそ二週間かかるのだ。どこから降って湧いたのか何とも不思議な話である。

いろいろ考えていく中で違和感を覚えたのが産卵直前と思われる母親トカゲの姿である。お腹が膨らんで外側からも卵の形が分かるくらいボコボコとしてくる。自分が動くことすらままならないくらいの状態である。当然動きも遅いわけであって、偶然出会ったトカゲの惨殺体のように天敵に出くわせば逃げることも出来ずにやられてしまう。もっとも産卵間際の母親トカゲを見かけること自体が珍しいことであるから、余程お腹が空いていたのかとても天気が良くて日光浴をしたかったのか、自然界のトカゲにしては油断していたのではないかと思う。私に飼われているトカゲたちは天敵の存在などどこ吹く風といった具合に産卵間際も時々姿を見せる。卵を小分けに産むことが出来るならば少しでも体外に産み落とせば自分が楽になるだろうと思うのだが、目一杯膨らんでもまだそのまま活動している。産んでも産んでもすぐまた次の卵が大きくなってしまうから膨らんだままなのか。それとも他に理由があるのか。観察している中で産卵前は時々姿を見せていた母親トカゲも産卵前後は暫く姿を見せず、その後少しスリムになってまた登場する。全部産んでしまったのかまだ少し残っているのかその辺はよく分からないが明らかに体の膨らみ方が違う。卵の大きさから考えると例え二つ三つでも体外に出せば相当体積が減ると考えられるので、何回か産んだのであろう。私が産卵前と思っている期間も実は少しずつ卵を産んでいて、それでも次の卵がどんどん大きくなってくるから変化がないように見えていただけなのかも知れない。それにしてもあそこまで体が膨らむのはどうしてなのか。膨らむことは母体にも良くないであろうし、動きも遅くなり天敵に捕まりやすくなることも事実である。それでも尚膨らむのは、卵を出来るだけ体内に留めておこうということなのかも知れない。これは母親トカゲの考え云々ではなくてトカゲの性質として一般的にそうなのかも知れない。どの母親トカゲも自分が動きづらくなるくらい大きく膨らむのはそのためと考えれば説明がつく。なるべく体外に出すのを遅らせればその分卵の中の赤ちゃんトカゲも成長して、孵化するまでの期間が短くて済むことになるのではないだろうか。卵を体外に出すということは少なからず卵自体が危険に晒《さら》されることになるわけだから、それをなるべくなくすためにそうしているのではない

産卵期のメス

だろうか。巣穴の環境によっては卵にカビが発生したり、卵が潰れたり、目に見えないような小さな虫や細菌などによる害も考えられる。そういうものから少しでも守るために母体が許す限り体内に留めて置くのではないか。そうは言っても産卵期の母体ではどんどん卵が膨らみ、押し出され式に産卵しなくてはならないのかも知れない。留めて置きたくてもなかなか長期間留めて置くことが難しいのではないだろうか。しかし、産卵期も終わりに近付けば目一杯膨らんだ体が少しスリムになっても少しの卵ならば留めて置くことも可能なのではないか。産卵期終わり頃には次から次に卵が大

きく育ってくることもなくなり、押し出され式に産卵する必要もなくなるのではないだろうか。そう考えると既に産んだ卵の他に体内にも卵が残っていてもおかしくない。体内で目一杯留めてから孵化直前に卵を産み落とすという究極の子孫繁栄法である。このように考えると卵を回収してから十五日後に赤ちゃんトカゲが出現したことも納得がいくし説明もつく。マムシのような卵胎生《らんたいせい》（動物のメス親が卵を胎内で孵化させて子を産む繁殖形態）の爬虫類が存在するのも基本的には子孫をなるべく自然界に即応させることを目的としているのだろう。トカゲの場合は卵として産み落とされても充分対応出来るわけであるが、そこにもやはり母親トカゲの細かい気配りと決断など、体内にいた時と同じように守られている様子が見えるのである。出来るだけ長く体内でという生き物としての強い思いがあるような気がする。あくまでも想像の範疇を超えないものではあるが、可能性は否定出来ないのも事実である。

卵の孵化についての模索

赤ちゃんトカゲが成体のトカゲに食べられないようにするために、孵化直前の卵を回収して別の水槽で孵化させたわけであるが、孵化直前とはいうものの孵化の二週間も前に母親トカゲから卵を取り上げてしまうことは気の毒だとずっと思っていた。数年間このやり方でやってきたわけであるが、他に何か良い方法はないものかと考えた結果、産卵前に母親トカゲだけを別の水槽に移して、そこで好きなように産卵させて後は母親トカゲに任せるということを思いついた。孵化の四十日前ぐらいには産卵することを考えると、七月二十日頃に最初の孵化が始まるとして、その場合六月十日頃には産卵することになる。その少し前に水槽の掃除を兼ねて水槽内を総浚《ざら》いして雌のトカゲだけ別の水槽に移した。もう既にお腹がかなり膨らんでおり産卵間近という感じであった。雌トカゲたちは思い思いに巣穴を作りその中で産卵をしたようであるが、生まれてきた赤ちゃんトカゲは思いの外少なかった。七匹の雌トカゲが産卵したと思われるが、生まれてきた赤ちゃんトカゲは三十六匹だった。若い雌トカゲも含まれていたので産卵しなかったことも考えられるし、産卵したとしても数が少なかったことも考えられるが、それにしても数が少ない。この雌トカゲたちは皆それなりにお腹が膨らんで卵を宿している様子であった。例年通りであれば少なくても七十個から八十個の卵を産んでいるはずであるが、一体どうしたことか。母親トカゲたちは余程のことがない限り子供を食べたりすることはない。母親餌は常に余るほど入れていたし、実際いつも前に入れたコオロギが沢山生き残っていた。母親トカゲに食べられたという可能性は非常に少ない。雌の体の中ではどんどん卵が作られているわけであるから、産むことは産んだけれども孵化しなかったことも考えられる。要するに有精卵ではなかったということかもしれない。一度の交尾でどれだけの卵が有精卵になるのか分からないから、産卵前に雄と引き離してしまったことが原因のように思われる。だいたい一匹の雌が十二個くらいの卵を産むが、初めに産んだ五～六個しか孵化しなかったのかも知れない。産卵間際まで交尾をした方が有精卵の数も増えるのだろう。母親トカゲから卵を取り上げないで孵化させるために試みたやり方であったが、子孫を多く残すという意味では上手いやり方ではなかった。このような結果になるとやはり卵を産んでから回収する方が孵化率は確実に高い。

とは言うものの母親トカゲから卵を取り上げてしまうのも心が痛む。万事思い通りにすることは難しいが、いろいろ考えた結果、今度は卵を回収するにも時間をかけて慎重に少しずつ土を掘っていき、なるべく卵の主である母親トカゲを特定出来るようにした。母親トカゲをまず確保しておき、次にそのトカゲの卵をすべて回収する。さらに別の水槽に予め巣穴のような場所をいくつか用意してその一つにそのトカゲの卵を移し、その巣穴に確保しておいた母親トカゲを入れてやるというものである。母親トカゲは自分で卵を咥えて別の場所に移したり自分の気に入るように並べ替えたりするから問題はない。母親トカゲが特定出来なかった卵が八個あったが、それだけ以前に使った人工孵化装置に並べて孵化させた。この方法でやった結果、回収時点での卵の数は八十一個で、生まれてきた赤ちゃんトカゲは八十匹だった。人工孵化装置の卵は全部無事に孵化した。この方法であれば卵の数も確認出来るし、生まれてくる赤ちゃんトカゲの数もおおよそ見当がつく。赤ちゃんトカゲは別の水槽に移すが、生まれた後も少しは親子で過ごすことが出来る。母親が特定出来なかったものに関しては母親トカゲには気の毒な思いをさせてしまったことになるが、今までの中ではこの方法が一番理想的な方法だと思う。とはいえ毎年ではないが、特定できないタマゴが出てきてしまうこともある。今後はすべての母親トカゲを特定出来るようにすることが課題である。

余談であるが母親を特定出来なかったタマゴを別の水槽でタマゴを産まなかったと思われる雌トカゲに預けてみたところ、鼻先でタマゴを転がすようにして私がタマゴを置いた位置よりもさらに集めるような素振りを見せ、ひとしきりその作業をした後、体を丸めるようにしてタマゴに覆い被さる姿勢をとったのである。トカゲの雌は本能的にタマゴを見ると、たとえ自分が産んだタマゴではなくてもこのようにタマゴを守ろうとするようである。すべての雌がこのようにするのか調べたわけではないが、抜き打ちのようにたまたま選ばれた雌トカゲがこのような行動をとったということは、他の雌も同じような行動をする可能性は非常に高いと思われる。

我が家のトカゲたち

人々にトカゲのイメージを尋ねたら何と答えるだろうか。恐らく『動きが素早い』『人の姿を見ると逃げる』『尻尾が切れる』などと答えるだろう。確かに自然界のトカゲはそういうイメージである。私が飼っているトカゲたちは自然界のトカゲたちとは少し違う習性を身に付けつつある。我が家のトカゲたちは『動きが素早い時もある』『人の姿を見ると逃げる時もたまにある』『尻尾が切れるのは繁殖期に仲間同士で戦った時くらい』という感じである。要するに私に飼われて餌を与えられ、事あるごとに私や家族に触られたり声を掛けられたりしているうちに、用心深さが殆どなくなってしまったということである。水槽の前面に集まり集団で日向ぼっこをしているが、私が水槽の前を横切っても逃げる素振りも見せずに私の方を見ている。前面の塩ビ版越しに指や手を近づけても全く動く気配もない。目を閉じて完全に眠っているトカゲもいるのである。その眠り方も木の枝の上やコンクリートブロックの上など思い思いの場

所で、非常にリラックスした様子で安心しきっているのがよく分かる。木の枝に体を載せ手足と尻尾はだらりとした状態で瞑想に耽っているようなトカゲ、コンクリートブロックの上で二匹が上下に重なって寝ているトカゲ、地面で両前足を後ろへ伸ばして背中をポリポリ掻くような仕草をしているトカゲなど様々であるが、何れにしてももう自然界では生きていけない状態だと思われる。前にトカゲはある程度厳しい環境にも順応出来るタフな生き物だと書いたが、水槽内の天敵のいない環境に既に順応してしまったようである。勿論これからまた厳しい環境に戻れば次第に順応せざるを得な

いのだろうが、恐らく順応する前に天敵に捕まってしまうことだろう。まして孵化用水槽で生まれたトカゲたちは自然界を全く知らないトカゲたちということになるのである。水槽内の暮らしが当たり前で天敵に襲われた経験などないのである。幸せというべきなのかどうなのか、自然界のトカゲと比べてあまりにも違う姿に、本当にこれで良かったのだろうかという思いも湧いてきた。しかし、こうなってしまった以上は最後まで責任を持って飼い続けなければいけないという決意も持った。

　水槽の中はトカゲたちにとって自然界とは別世界である。水槽の中が彼らの世界であり自然界には知らないこともたくさんあるが、自然界では得られないものを得ているというのも事実である。それ程苦労せずに餌を得られ、人や天敵に怯《おび》えて逃げ隠れしなくても良いのである。また好きな日向ぼっこもゆっくりと安心して出来るのである。恐らく平均寿命もかなり延びて

いるのではないかと思う。これに対してデメリットは自然界に比べて狭い空間であることや食事のメニューが単調であるということが言えると思う。命がけで広い世界で自分の持てるものを最大限に発揮して生きている姿がトカゲらしいと言えばその通りだが、それには危険も隣り合わせである。水槽の中でトカゲらしさをなくしてのんびり暮らすのとどっちが良いのかという究極の選択であるが、水槽の中のトカゲたちは水槽の中で生きていくしかないのかも知れない。それにどこかにはこんなトカゲがいても良いのではないかとも思う。私はトカゲを飼ってから自然界ではまず見ることの出来ないトカゲたちの姿を沢山見たり写真にも収めたりしてきた。そんな彼らの姿をいくつか紹介したいと思う。

トカゲたちは私が水槽のフタを開けても殆どが逃げも隠れもしない。それどころか今までどこかに隠れていたトカゲたちまでが姿を現す。そして殆どのトカゲは私の方を見上げるのである。頭を上に向けて見上げるもの、顔を傾けて片方の目で見上げるものなど形は違うが何れにしても私を見ていることがはっきりと分かる。中には水槽内の木を登って私の目の前まで来て私を見ているトカゲもいる。このトカゲたちは私が餌を与える存在だということをちゃんと理解しているようであった。『今日はなにくれるの？』みたいな感じで、ものすごく期待を込めた眼差しで見つめてくる。木を登ってきたトカゲの鼻先にコオロギを箸で挟んで持って行くと私の箸から直接コオロギをもらって食べるのである。こんなトカゲは自然界ではまず見ることは出来ない。トカゲを捕る方法の一つにトカゲ釣りというのがある。これは昆虫やミミズなどを糸で縛り、釣り餌のように釣り竿や棒などに付けて少し離れた場所からトカゲの鼻先に垂らすというものである。トカゲが餌を咥えたら釣り上げることで捕獲出来る。この場合は人が仕掛けた餌を食べることになるが、やはり少し離れた位置からということになる。逆の言い方をするならば人が目の前で糸を持って餌を垂らしても食べないということである。この場合、糸を垂らす以前にトカゲは逃げてしまう。我が家のトカゲたちは期待のこもった眼差しで私を見つめ、餌をせがむような素振りを見せ、実際に餌を直接もらって食べるわけであるから自然界のトカゲとは明らかに違うことが分かる。

我が家のトカゲたちは既に『パブロフの犬』状態になっている。毎日水槽のフタを開けてトカゲの世話をする。植物の植木鉢に水を注ぎ、排泄物を除去し、餌を投入する。順番は特に決めていないが、おおよそそのような内容である。植物に水を注げばその水の落下点に数匹のトカゲが突っ込んで来るのだ。水槽のフタが開き落ちてくるのは「ご飯」と思い込んでいるようである。また排泄物を箸やトングで取り除く作業をしていると、排泄物を摘んでいるトングに食い付いてくるトカゲがいるのである。要するに私の姿を見れば食事の時間だと思い、私が水槽の中に落とす物は餌であり、私がトングで摘んでいる物も餌であると認識しているようである。トカゲたちのこの思い込みは、毎日水槽のフタを開け餌を投入したりトングや箸で餌を与えてきたりしたことによる結果である。同時に植物の水やりや排泄物の除去もしてきたわけだが、彼らにとってそんなことはどうでも良いことで、自分たちにとって最も必要な部分だけをしっかりと覚えてしまっている。逃げ隠れするどころかどこからともなく集まってくるのも頷ける。

餌はかなり多くのトカゲが私の箸からもらって食べるが、手で触ろうとすると逃げるトカゲも数匹いる。しかし殆どのトカゲは日向ぼっこで出てきている時に頭などを手で撫でても大丈夫である。最初に捕獲したトカゲたちは自然界での経験もあるわけだが、もう既にその面影はなくなってしまっている。少なくても私に対しては殆ど警戒心を持っていない。天敵のネコや鳥に対しても恐らく同じであると考えられる。よその家の飼い猫が時々我が家に来てトカゲの水槽の前をうろうろしたり、水槽の上に載って日向ぼっこをしたりしていたことがあったが、その時も水槽の中のトカゲたちはいつもと同じように生活していた。塩ビ版一枚が生き物の生態をこれほどまでに変えてしまうものだとは思いもしなかったが、飼うということはこういうことなのだ。姿形は同じでも全く違う生き物のようである。まして水槽生まれのトカゲたちは人間に対して警戒心を抱くどころか餌をくれる親のような存在と思っている可能性もある。

ある日いつものように水槽のフタを開け、水の補給や排泄物の掃除などをしていた時のことである。夢中で排泄物を回収していると、知らぬ間に一匹のトカゲが水槽の縁に登ってきてしまっていた。中に入れて置いた木を伝ってここまで来てしまったようであった。気付いた時には水槽の後ろ側に落ちていく所であった。『しまった』と思い、水槽の後ろ側を覗き込んだり下から覗いたりと必死で探したが姿が確認出来なかった。どこかへ逃げてしまったようであった。非常に残念な気持ちで作業を続け、終わって水槽のフタを閉めてふと水槽の横を見ると、台にしているコンクリートブロックの上で先程脱走したトカゲが日向ぼっこをしていたのである。逃げる様子もなくじっとしているので、トカゲの反応を見るためにトカゲの鼻先に右手を近づけてみた。それでもまったく動かないので右手を鼻先に置いたまま左手をトカゲの背後から近づけ尻尾の付け根辺りを押すと、のんびりとした動きで私の右手の掌に載ってきたのである。お陰で難なく水槽に戻すことが出来た。これも飼われているトカゲならではの行動である。

また別の日に餌や水の補充と水槽の掃除をしていた時のことである。排泄物の回収をしている私の傍らでトカゲたちは思い思いの場所で日向ぼっこを楽しんでいた。作業をしている私の左腕のすぐ横でも入れてある木の上でトカゲが日向ぼっこをしていた。夢中で作業を続ける私の左腕がさらに木に近付いた時、木の上にいたトカゲが私の腕に乗り移ってきたのである。思わず作業を止め、トカゲを水槽に戻そうと腕の辺りを探したが姿が見えない。どうやら後ろの方に回ってしまったようであった。さてどうしたものかと考えているとタイミングの悪いことにお客が来てしまったのである。知り合いなので対応しないわけにもいかず、心中気が気ではなかったが平静を装い対応していた。『お客さん早く帰ってくれないかなあ』と思いながら話をしていると、首の後ろの辺りで何かがムズムズ動いている感じがした。『ははあ、ここに登ってきたか』と所在が知れたことで少しは安心したが、お客はまだ帰らないし、この後トカゲがどのような行動を取るのか不安であった。トカゲはさらに私を登りいよいよ頭の上に出ようとしていた（私は坊主頭なのでトカゲにとっては登りやすい）。今度はグッドタイミング。ようやくお客さんが挨拶をして帰りに向かったのだ。お客さんが向こうを向いた直後にトカゲが私の頭の上に載ったのだ。あと数秒早かったら頭の上にトカゲを載せた私の間抜けな姿を見られていたかも知れない。トカゲも私も単体で見れば何ということはないものなのだろうが、トカゲが体にくっついていることだけでも不思議に思うだろうし、肩ならまだしも頭の上に載っている姿は非常に間抜けな絵になるような気がする。片手で頭の上を探るとトカゲに触れた。そのまま捕まえて頭から引き離すとあっさり離れて私の掌の上にやって来た。掌の上に載せて水槽の所まで運ぶ途中でトカゲがまた私の腕を登ろうとするので、今度はすぐに捕まえて無事水槽に戻すことが出来た。頭の上に登ったトカゲは私が捕まえるまで少しの間ではあるが頭の上でじっとして眺めを楽しんでいたのかも知れない。もう一度その眺めを味わいたくてまた私の腕を登ろうとしたのかも知れない。いろいろ想像は無限であるが、とにかく至近距離で人間が動いていても驚いたり逃げたりするどころか、自分から人間の体に登ってくるという行動は、本来のトカゲの性質からはかけ離れていると言えるだろう。

トカゲの学習能力

私は生まれたトカゲたちに事あるごとに声を掛けるようにしていた。それぞれに名前を付けたわけではないが、小さいので『ちいちい』と総称で呼ぶことにしていた。「おはよう　ちいちい」とか「元気かい　ちいちい」「ひなたぼっこ気持ちいいね」「まんま食べるかい」などと独り言のように言いながら、水槽のフタを開け餌や水の補充をすることが日課であった。その年に生まれたトカゲたちもまだ生まれて二ヶ月くらいだったが、既に殆どが隠れたりすることなく私を見上げて、餌を与えれば即座に食べるといった具合に馴れていた。その前年に生まれたトカゲたちは冬眠の期間は差し引いても九ヶ月くらいというさらに長い間私に声を掛けられながら餌を与えられて過ごして来たことになる。この二年目のトカゲの一匹が本来のトカゲという生き物からは想像も出来ないような驚きの行動をとったのである。

その日は朝一番から仕事で出掛けてしまい、戻ったのが午後の二時頃であった。まだ水槽に陽は当たっていたが殆どのトカゲは既に巣穴に潜ってしまっていた。前回入れた餌の残りを食べて仕方なく引き上げたのかも知れない。二年目のトカゲの一匹だけがまだ水槽の一番前面で日向ぼっこをしていた。この時一年目のトカゲは六匹で二年目のトカゲは三匹だった。生まれた年ごとに小さな水槽に入れて成体とは分けて飼っていた。その二年目水槽のフタを開けてみるとトカゲが餌を欲しそうな眼差しで私を見上げてきた。実際その水槽には既に餌が一匹も残っていなかった。私もトカゲの様子などからトカゲの気持ちが何となく分かるような感じになってきていたので、トカゲに向かって「ちょっと待ってて、今まんまを捕ってきてあげるから」と言って早速虫捕りに出掛けた。虫捕りは西日が良く当たる畑の周辺で夢中で捕っているうちに結構時間が過ぎてしまった。戻ってみると既にトカゲの水槽は日陰になってしまい、先程のトカゲもういなくなっていた。なかなか餌が貰えないので諦めて巣穴に潜ってしまったようであった。期待して待っていたはずのトカゲに餌を与えてやれなかったと思うと残念で、ダメ元で名前を呼んでみることにした。水槽のフタを開けて「ちいちい　出ておいで」「ちいちい、ちいちい」「ちいちい　まんまだよ」などと呼び掛けたのである。するとと地面の一部がムクムクと盛り上がり、先程のトカゲが姿を現したのだ。万が一名前を呼んでトカゲが出てきたならば大したものだと少しは期待をしていたが、まさか本当に呼ばれて出てくるとは驚きである。出てきたトカゲに「良い子だね、呼ばれて出てきたのかい？　えらい、えらい」と言いながら早速捕ってきた虫を与えてやると、続けざまに三匹捕まえて食べて巣穴に戻っていった。お腹が空いていたからなのだろうが、それにしても既に巣穴に潜っていたトカゲが名前を呼ばれて出てくるというのは正に飼われているトカゲの中でも人間と意思疎通が出来る究極のトカゲと言うことが出来る。自分が『ちいちい』であり、私に呼ばれていると判断して出てきたことは間違いない。いつも名前を呼びながら餌を与えていたことで、呼ばれて出て行けば餌が貰えるかも知れないと思ったのだろう。こんな経験は初めてで何とも嬉しく、心から感激したのと同時に益々トカゲがかわいい存在になった。そしてトカゲの学習能力というものがかなり優れているということに

驚かずにはいられなかった。

学習能力が優れているということの別の例として、トカゲたちに現れた変化の一つに『楽をすることを覚えた』というのがある。言い方を変えれば『自然界からまた一歩遠のいた』ということになる。捕獲したばかりの時にはどんな餌でも貪欲に食べていたトカゲたちであるが、だんだん餌も選り好みをするようになってきている。昔は大きなカマキリなども果敢に立ち向かってどうにかして食べていたが、最近はカマキリを入れても見向きもしない。と言うよりも避けて通るといった感じで全く興味を示さない。少し小さめのカマキリならば食べる個体もいるが、中には小さいカマキリでも戦いを挑まないものもいる。確かに大きなカマキリは大きなカマを構えて羽を広げて威嚇をしてくる。それを食べるとなると、少

なからず自分も痛い思いをしたり、大変な思いをしたりすることになる。バトルの段階でけがをするかも知れないし、バトルには勝利しても食べるまでの処理の手間や大物を呑み込むこと自体も大変なことなのだと思う。そんな苦労をしなくても食べやすい大きさの餌が食べられるならばその方が良いと考えたのだろう。私が飼っているトカゲの中にも、赤ちゃんの時に自分がカマキリに襲われて間一髪助かった経験や自分と一緒に襲われた仲間が目の前で捕まって食べられた経験などを持っている個体もいると思うが、成体になってからは立場が逆転し、昔の恐ろしい経験も払拭して、生きるためには大きなカマキリにも襲いかかり餌として食べていたのだと思う。中には昔の恐ろしい記憶から逃れられずにカマキリだけは絶対に襲わない個体もいるかも知れないが、それはそれで記憶力が良い個体であり慎重な性格の個体ということが出来る。何れにしても学習能力は高いものを持っていると言って間違いはない。

植物のハンモックに身を委ね
逆さ吊り状態でねむりこけるトカゲ

カマキリを初めて見たトカゲがどういう反応を示すか、試しに前年に生まれた二年目トカゲの水槽に体長三センチメートル程の小さなカマキリを入れてみたところ、カマキリと出会ったトカゲが驚いて水槽の反対側の方まで逃げていった。カマキリが羽を広げカマを構えて威嚇する姿は確かに怖いが、二年目とは言え既に体長十五センチメートル程になっているトカゲが正に尻尾を巻いて逃げる姿は非常に臆病に見えた。全部の個体がこんな逃げ方をするわけではないと思うが、いつまで経ってもこのカマキリが水槽の中に残っているところを見ると、どの個体もこのカマキリを餌として食べようとしていないことが分かる。自然界ではカマキリは赤ちゃんトカゲにとって恐ろしい天敵である。襲われた経験があるトカゲならば逃げるのも無理はないと思うが、水槽生まれのトカゲはそのような経験があるわけでもない。本能的に『危険なやつだ』と感じたのかも知れないが、自分の方がは

るかに体格も大きいのに餌として食べるどころか怖がって逃げるというのは、生まれた時から不自由なく食べやすい餌を与えられて育ったことが影響していることは間違いない。自然界で育ったトカゲは常に死と隣り合わせの生活である。常にお腹を空かせて餌を求めてかなりの距離を移動し、時には天敵に襲われ命からがら逃げるなど水槽生まれのトカゲたちとは比べ物にならないくらい厳しい環境で生きているのである。空腹には耐えられず出会えば大きな獲物でも襲ってどうにかして食べなくてはならない。いつでも一口サイズの餌をもらって育ってきたトカゲは過保護としか言いようがないことを改めて感じた。これも飼い主である私の責任であることは言うまでもない。このように育ったトカゲを今から自然界に還すとしたら、それは地獄に突き落とすようなことなのかも知れない。トカゲはどのような環境にも順応出来る生き物であるから、自然界に還れば還ったで大きな獲物も捕食出来るようになるかも知れないが、餌だけの話ではないのである。勘の鋭さや俊敏性、用心深さなど基本的な部分が研ぎ澄まされていないと言って良い。時間をかければ順応出来るのだろうが、おそらく順応する前に命を落としてしまうことだろう。自然界のトカゲと同じ姿形をしていても、水槽生まれのトカゲはトカゲとして生まれ持った能力を殆ど眠らせたまま一生を過ごすことになるのである。元々おそらく自然界では生き残れなかった個体を育てたわけであるから、そもそもそれからして過保護である。トカゲを飼うということ自体が自然界のトカゲから見れば過保護であるが、そんな意識もなく飼ってしまったのである。飼い主である私のせいでトカゲたちは能力を眠らせたまま過保護な生活をせざるを得ない状況に置かれたのである。その代わりと言っては何だが、苦労することなく食料を手に入れ、天敵に襲われることもなく大好きな日向ぼっこを好きなだけ出来る生活を送っている。どちらが良いのかトカゲに聞いてみなければ分からないが、どちらにしても置かれた環境で精一杯生きることが出来れば良しとするしかないのかも知れない。飼い主のエゴであり言い訳になるかも知れないが、自然界ではまず味わうことが出来ない生活を楽しんで一生を全うするというのも一つの選択肢ではあると思う。トカゲが選ぶわけではなく飼い主のせいでそうせざるを得ないわけであるから、飼い主としてはその生活を全力でサポートする以外にない。

トカゲの餌の好み

トカゲの餌についての余談であるが、トカゲも餌には好みがあるようである。勿論、個体によって多少の違いがあることは言うまでもないが、殆どの個体が興味を持って捕食しようとするのがカマドウマである。段々と大きな餌を敬遠するようになってきたトカゲたちであるが、カマドウマだけはかなり大きな物でも最初の頃と同じように夢中で追いかけ、時には奪い合いをすることもある。私が見る限りであるが、一番好きな餌の一つであると思われる。同じくクモ類も殆どのトカゲが興味を示す。アシダカグモを始めとして大型のクモでも夢中で追いかけて捕食している。胴体の一番太い部分の直径が十五ミリメートル以上もあるような大きなクモや胴体以上に大きな子袋なども丸呑みしている。クモも大好きな餌の一つであると考えられる。一番多く与えている餌であるコオロギは、特に食べやすい大きさであるということもあるのだろうがそれなりに食べる。昆虫食ブームの昨今、コオロギを原材料とした人間用の食品

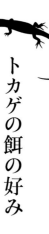

開発も始まっているというくらいに栄養価も高いらしい。トカゲはそこまで考えて食べているわけではないだろう。しかし、そこそこ美味しいと思って食べているようには感じる。ただし、ペットショップ等で販売しているヨーロッパイエコオロギよりも、その辺にいる日本のコオロギの方に興味を示す。ヨーロッパイエコオロギはだいたいサイズが揃ったものが販売されている。大きい物から小さい物まで何段階もサイズが分かれている。私も時々成体トカゲ用の餌として体長二センチメートルくらいのサイズの物を購入して与えている。これも普通に食べるのだが、そこら辺にいる日本のコオロギの体長三センチメートルくらいの物を時々与えると、大きいにも拘わらず食いつき方がものすごい。ヨーロッパイエコオロギは恐らく養殖で、やはり自然の餌が良いということなのか、洋物よりも地場産の方が良いということなのか分からないが、どちらにしても人間と同じような感覚を持って食材を選んでいるのではないかと思う。虻《あぶ》なども入れると奪い合うようにして捕食するので、かなり好きな餌であると思われる。また、夏の終わり頃から飛び始めるアキアカネもトカゲに対してはかなりの大きさであり、羽なども食べるには邪魔であるにも拘わらず、非常に興味を示してどの個体も夢中で追いかけ捕食している。最初は目新しい獲物なのでそのような反応を示しているのかとも思ったが、それだけではないようである。大きさや羽のはばたきなどを考えると敬遠してもおかしくないが、それでも夢中で食べようとするのは余程美味しい餌なのだろう。人間にとってのサンマと同じようにそのシーズンが旬である貴重な餌なのかも知れない。そもそも自然界ではアキアカネはかなり上空を飛んでいて、羽を休めるとしても大抵は電線や木の枝、植物の伸びた先端などに止まる。希《まれ》に地面に止まっていることもあるが、虫捕り網でも使わなければ捕獲するのは難しい。トカゲが空を見上げてアキアカネを食べてみたいと思ってもなかなかそのチャンスは訪れないだろう。どうしても食べたくて電柱をよじ登り、電線伝いに近付こうとしても電線が揺れればすぐに飛び立ってしまう。昔は木の電柱が多かったが最近は殆どコンクリートの電柱なので登ることと自体が無理である。木に登り枝先まで行こうとしても結果は同じである。虫捕り網が使えるわけでもなく、人間のように指でトンボの目を回すようなやり方も出来るわけではない。尻尾を器用に使ってトンボに催眠術をかけるトカゲがいたら大したものだと思うが、人間が指でクルクルやって催眠術をかけたつもりで捕まえにいっても大抵は逃げられてしまう。トンボの目を回すこと自体が本当に可能なのだろうかとも思えてくる。人間ですらこのような感じであるから、トカゲにはまず出来ることではないだろう。運良くトカゲの目の前にトンボが降りてきたとして、百パーセント捕獲出来るとは言い切れない。目の前に降りてくること自体がまず殆どないであろうし、運良く降りてきたとしても捕まえられる割合は五分五分である。こう考えると自然界のトカゲにとってアキアカネを含むトンボ類は一生に一度食べることが出来るかどうかという本当に貴重な食べ物ということになる。人間にとっての旬のサンマは貴重と言えば貴重だが代金さえ払えば食べることが出来るというものである。しかしトカゲにとってのアキアカネはお金を払っても食べることが出来ないくらい貴重なものと言える。それを食べた時のトカゲの感動はどれ程のものなのか想像がつかない。人間の食べ物でこれに相当するものは一体何だろうか。そう考えてみてもなかなか難しい。運が良くなければ食べることが出来ないものであるから、そのもの自体は沢山いるのに出会う機会が少ないということである。アキアカネは沢山飛んでいても、その美味しさを知るトカゲはごく僅《わず》かであり、殆どのトカゲはその存在すら知らずに一生を終えるのかも知れない。アキアカネについては少し長くなってしまったが以上である。

続いてウマオイその他バッタ類は食べる個体もいるが、食べない個体の方が多いように思われる。勿論、自然界では選り好みをしている場合ではないので、恐らくどの個体も捕食すると思うが、我が家のトカゲたちは好んで食べない感じがする。ミミズは興味を持って咥えにいくがそのまま捕食するトカゲとそうでないトカゲに分かれる。捕食組はミミズを咥えてブルンブルンと振り回しながら完食するが、食べない派はどうもミミズの表面のネバネバが嫌な様子で、一度咥えて放した後、口を地面にこすりつけネバネバを取ろうとするような仕草をするのである。カマキリは当初は体長十センチメートル以上の大きな物でも胴体部分以外の邪魔な物をもぎ取って胴体を丸呑みしていたが、最近は小さなカマキリであっても興味を示さないのでそれ程好きな餌ではないように思われる。ショウリョウバッタも昔はやはり体長十センチ前後の物でも邪魔な部分をもぎ取って食べていたが、最近は小さな物でも興味を示さない。大きいショウリョウバッタは見るからに硬そうで食べたくないのも頷けるが、小さいショウリョウバッタは柔らかそうで見た目では食べやすそうに見える。それでも水槽に入れた場合いつまでも残っているので、小さくてもトカゲにとってはあまり美味しい餌ではないようである。自然界のトカゲを見ていたのではどの餌も同じように捕食するであろうから気付くこともないかも知れないが、飼い慣らされてある意味贅沢を覚えたトカゲを見るとどの餌が一番好みなのかが分かる。過保護ではあるが、なるべく好みの餌を与えてやるようにしたいと思う。

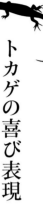

トカゲの喜び表現

餌を見つけたトカゲが尻尾を振ることはよく知られているが、飼い始めた当初、私の飼っているトカゲたちの中には餌を見つけて追いかけている段階で、「キュッ、キュッ」とか「カプ、カプ」というような声のようなものを発している個体が数匹いたようである。すべての個体が出していたわけではないようであるが、餌を入れて少し耳を澄ましていると必ずと言って良い程聞こえてくるのである。恐竜が登場する有名な映画の中でも小型恐竜が集団で獲物を狙う時に一部の個体が、「ギュン、ギュン」と声のような音を発していたが、正にそんな感じである。トカゲたちの発する音を聞いた時、映画のそのシーンが頭に浮かんだ。映画の恐竜のようにリーダーが合図をしているというのとは違うと思うが、餌が投入されたことに対して興奮しているのか、嬉しさの余りなのか、なにやら音を発しているのである。意味合いとしては尻尾を振るのと同じことなのだと推察するが、この音は口を開け閉めすることによって出しているか、あるいは鼻腔を使って出している音のようである。早く餌を捕まえたくて口をパクパクさせながら追いかけているのか、餌を食べた時のことを想像してヨダレが出るのを耐えながら追いかけているのか分からないが、餌を入れてもらったことに対して喜んでいることは確かである。餌と自分が一対一ならば向かい合って尻尾を振って狙いを定めて捕まえれば良いけれど、早い者勝ちの私の水槽の中では悠長に尻尾を振って狙いを付けている余裕はないということでこのような感じになったのかも知れない。餌を多く入れておくようになってからは、餌を奪い合うこともなく満足に食欲を満たすことが出来、目の前に餌があっても見向きもしないような状態であるため、次第にこの音も聞こえなくなってしまったが、当初はよく耳にした。捕獲したてのトカゲを十数匹一緒に飼って、それ程満足に餌を与えていない状態であればこの音を聞くことが出来るのかも知れない。

水槽の不具合改修工事

完璧な出来具合であると自賛していたトカゲの水槽ではあったが、使ってみるとやはり不具合も出てくるものである。コンパネの補強材として四つ角に入れた角材を餌のヨーロッパイエコオロギが登ってしまうのである。フタを開けると沢山のヨーロッパイエコオロギがフタの裏側に付いているのである。付いているだけならばそれ程問題はないのだが、フタを開けた瞬間に外へ飛び出してしまったり、フタに張ってある網戸用の網に穴を開けてそこから脱走したりとかなりすごいことをするのである。上に登られてしまってはトカゲの餌としては意味がなくなってしまう。トカゲも負けじと中の木の枝などを登り、そこから上の網に這い上がってフタの裏側を逆さまに歩いていることもあるが、網にぶら下がっている状態なので動きも遅くコオロギを補食することは出来ない。よく見ているとコオロギはコンパネの塗装面は登れないようなので、角材部分を登れないようにすれば何とかなると考えた。L字型のプラスチック制の角当て部品を購入して水槽内部の角材に合わせてカットして木ネジで数カ所固定するというもので、これで四つ角すべてをカバーしてみた。すると思った通り殆ど登らなくなった。しかし完璧ではないと思うので、たまには登ってしまうコオロギもいることだろう。四つ角は登れなくしたが、中に入れてある植物がフタに接触するほど生長しているので、それなどを登ればフタの裏に来てしまうことも考えられる。フタの裏まで来れば今度は網に穴を開けることもあるだろう。そこでさらにフタの網をステンレスの網に張り替えた。これならば穴を開けることは出来ないだろう。

水槽の中に入れてある植物だが、鉢受け皿に直に植物を植えたものを入れるやり方と植木鉢に植えた植物を鉢受け皿に載せて入れるやり方がある。私は成体用の水槽ではこれを併用している。直に植えた場合は鉢受け皿があるとは言っても植物が成長すると鉢受け皿の外まで這い出して鉢受け皿自体が見えなくなり、自然な感じを演出出来る。また植木鉢に植えたものよりも段差が小さいのでトカゲたちが楽にその上を歩くことが出来るということや、植木鉢に植えた場合よりも基本的に低い位置に植えることになるので、植物の生長にも余裕があることなど良い一面を持つ。しかし、万が一植物が枯れたりした時に鉢受け皿ごと取り出して植え替えるわけだが、この下にトカゲが巣穴を作っていることも考えられるのでなるべく動かしたくない。そういう意味では植木鉢に植えたものを鉢受け皿に載せて入れる方が鉢受け皿は動かさずに植木鉢だけを交換することが出来る。また、植木鉢で入れた場合にはその植物が枯れたり萎《しお》れたりしないように植木鉢と鉢受け皿の間に常に水が溜まるようにしておくのだが、これがトカゲの水飲み場としても活用出来る。当初この水たまりに餌のコオロギなどが落ちて死に、水が汚れたこともあったが、最近は植木鉢と鉢受け皿の間に木の枝や杉の葉などをぐるりと一巡り入れてコオロギなどが落ちても這い上がれるようにしているので、水が汚れる問題は解消された。

私流トカゲの雌雄の見分け方

トカゲの雌雄の違いは比較的分かりやすい。雄はエラが張っており雌はエラが張っていないという違いも一つある。この他にも体の色で言うならば雄は背中がほぼ茶色のメタリック、脇腹は頭から下肢付近まで黒い帯状になっている。雌もほぼ同じ感じだが、背中の色は雄ほどきれいではない。幼体の時の黒い背中に白いたてすじ模様の黒が薄れて茶色っぽくなってくるが、雄のように完全に茶色一色という感じではなく、たてすじ模様も何となく残っているような感じである。三年目くらいのトカゲは段々と体の色が変化して背中の白いたてすじなども薄くなっていくが、この時点では雄も雌もまだはっきりと体の特徴が分かれていないように思われる。少しエラが張り始め、雄らしくなってきている個体もいるが、まだあまりエラも張らず雌との区別に苦しむ個体もいる。雌はどこまでが頭でどこからが胴体なのか分からないくらい段差がない感じだが、雄は段々と頭と胴体の境がはっきりとしてくる。三年目くらいでは見た目で見分けるのは難しい場合もあるが、ここまでが頭でここからが胴体かなと何となくでも分かる感じの個体は雄の可能性が高い。繁殖期には雄は顎から脇腹にかけて普段は白い腹側の部分が朱色やオレンジ色になるのでさらに分かりやすい。ちょうど淡水魚のウグイという魚がやはり、繁殖期に口の周りから脇腹にかけて普段は白い部分が朱色やオレンジ色になるのと似ている。昔、自由研究で観察したカナヘビは雄と雌の見分け方として背中から尻尾にかけて同じように段々細くなっていくのが雄で、尻尾から急に細くなるのが雌であると図鑑などに書かれていた。殆どのトカゲの仲間に於いてもこの見分け方が通用すると言われているようだ。これは成体の見分け方であって幼体についても通用するのかどうかはよく分からない。実際、幼体の

オス同士で何を語っているのやら

トカゲを観察してみてもいまいちよく分からないというのが正直なところである。幼体を捕まえて生殖器の辺りを調べれば何となく分かるのかも知れないし、専門家が見れば一発で分かるのかも知れないが、どちらも知識がないとなかなか難しいことである。そこまでして調べる必要もないことなのかも知れないが、私がトカゲを観察してきた中で感じたことがある。それは水槽に日が当たるか当たらないかという朝早い時間に、水槽の前面で既に日向ぼっこの態勢に入っているのは九十パーセント以上雄なのである。雌はまず見かけない。雌が登場するのはかなり水槽に日が当たって暖かくなってからである。雄より用心深いのかあるいは雌の習性なのかといろいろ考えてみたが、日向ぼっこをしている時の雌は雄と同じように無防備で特に用心深

昼間はオスメスいっしょに日光浴

メスに励まされる？　オス

朝早い時間はオスだけのことが多い

いようには見えない。やはり雌の体質や習性によるものではないかと考えられる。これは成体の観察によるもので、はっきりと雌雄が分かっているから言えることであるが、おそらくこのことは幼体についても言えると思う。トカゲは体の色こそ幼体と成体でまるで別の種のように変わるが、性質まで変わるわけではないから幼体でも朝早くから日向ぼっこをしているのが雄だと思われる。実際、我が家の一年目幼体は六匹のうち三匹が朝早くから登場し、六匹全部が出揃うのは大分後である。私の考えで言えば最初に出ている三匹が雄で残りの三匹が雌ということになる。二年目幼体も三匹中二匹は朝から日向ぼっこを始めるが、残りの一匹はあまり見かけない。つまり二匹が雄で一匹が雌ということである。幼体は成体に比べて体の違いが分かりにくいが、この見分け方が通用するならば幼体でも雌雄の見分けが簡単に出来ることになる。証明するには数年かけて自分が雄だと思う幼体と雌だと思う幼体を分けて飼育してみるしかないが、是非やってみたいと思う。

順応性と警戒心

幼体のトカゲたちについては雄と思われる個体が朝早くから日光浴に登場すると述べたが、昼頃になると水槽の中の温度はかなり高くなるようで、トカゲたちもその頃になると多くはどこかに姿を隠している。物陰にいるのか地面に潜っているのかは分からないが、いつもの日光浴スペースには見当たらない。時々一匹くらい出ていることもあるが、殆どはどこかに隠れているようである。そんな一匹だけ出てきているトカゲを見ると、つい声を掛けてやりたくなってしまうもので、「おい、一人だけかい？」「みんなはどうしたの？」などと話し掛けてしまう。そうこうしていると、どこからともなく一匹また一匹とトカゲが現れ、いつもの日光浴スペースに集まってくるのである。人間の声がすると餌が貰えると思っているのか、あるいは実際に声がすると餌が降ってくるという今までの経験から定義づけされていて自然とそういう動きをしてしまっているのか分からないが、「ちいちい」と呼ばれて出てきた二年目のトカゲと同様に人間の声に反応してこのような行動をとっていることは何となく分かる。池の鯉なども毎日餌を与えられていると人間が池に近付いただけで集まってきてバシャバシャと大騒ぎをする。恐らくそれと同じ行動であると思われる。自然界のトカゲにとって人間の姿や声は警戒の対象でしかないが、水槽のトカゲにとっては警戒の対象ではなく、むしろ何か良いことがあるのではないかという思いを抱かせているように感じる。

犬やネコのように優しい言葉を掛けられて尻尾を振ったり、ゴロゴロ言ったりするとか頭を撫でられて嬉しいとかいうレベルの理解度ではないけれども、確実に人間という存在が怖いものではないということぐらいは理解しているように思う。勿論個体差は当然あって、すべての個体がこうであるわけではない。何年経っても人間を見ると隠れる個体もいまだにいる。それはそれで過去に人間にひどい目に遭わされたことがあるのかも知れないし、ただ単に用心深い性質なのかも知れない。何れにしても過去のことを良く覚えていることや用心深いことは、トカゲという生き物としては非常に優秀な個体ということが出来るのではないだろうか。もっとも隠れるトカゲは何れも自然界での経験があるトカゲである。水槽生まれのトカゲたちは人間を見てもまず隠れたりはしない。ただ、元々自然界での経験があるトカゲでも水槽の中の生活に順応して逃げ隠れをまったくしない個体もかなりいるので、その違いが何であるのかは分からない。水槽の中の生活に順応したトカゲは警戒することもなくのんびりと日向ぼっこを楽しみ、人間を見ても逃げ隠れせず人間が与えてくれる食べやすい餌を食べ、昔は当たり前にやっていた大きな餌を食べやすく処理をして食べるということもせず、楽をすることを覚えたわけである。これはこれで頭の良い個体と言うことが出来る。順応する頭の良さと過去の経験を忘れない頭の良さのどちらが優秀なのかという判定は非常に難しくどちらとも言えない。双方の違いが何なのかということについても自然界での過去の経験や元々その個体が持っている性質といったものによるのだろうと予測はするが、はっきりとしたことは分からないというのが正直なところである。

私の場合トカゲが三十匹以上いるので、大きな水槽二つに成体のトカゲを十数匹ずつ入れて、後は一年目と二年目のトカゲをそれぞれ小さな水槽で飼育している。産卵の時期にはこの限りではなく母親トカゲと卵を一緒に別の水槽で飼育し、母親が特定出来なかった卵については人工孵化用の水槽で孵化させる。このような感じで水槽も沢山あるわけだが、人工孵化用の水槽以外にはすべて植物や隠れ場所を配置している。トカゲ自体が既に人間に警戒心をあまり示さないようになっているわけだが、飼育環境はなるべく自然に近い状態を演出しようと思っている。植物も植えたては正に植えられた植物という感じであるが、やがて大きな水槽のフタに届く程に成長し、植木鉢や鉢受け皿を隠すくらいに蔓延《はびこ》ってくる。このような状態になると水槽の中もなかなか趣のある世界になる。隠れもしないトカゲのために隠れ場所を作る必要があるのかとも思うのだが、中には隠れたいトカゲもいるので、このような演出は必要だと思う。普段逃げも隠れもしない個体でもこのような環境に置かれれば、時には『おれトカゲだし、ちょっと隠れてみようかな』などと思って隠れる場合もあるだろう。また、餌に逃げられてしまったり他のトカゲに餌を取られてしまったりした時はバツが悪いので隠れたくなることもあるだろう。もっともトカゲの場合は『穴があったら入りたい』というよりも『穴は掘ってあるから入っちゃおう』という具合になるのかも知れないが、とにかく隠れたい時に隠れられるようにしてやりたいと思っている。暑い時には日除けにもなるであろう。実際こういった植物の中で自分で調節しながら日光浴をしているトカゲも結構いる。篩にかけた良い土を分厚く入れて好きなだけ穴掘りが出来るようにし、日向ぼっこスペースを多く確保し、植物を蔓延らせ隠れたい時に隠れられるようにするなど様々な演出をしているが、このような状況を気に入ってくれているようではある。とにかく水槽という限られた場所ではあるが、トカゲたちにとって最善の状況を与えてやりたいと常に考えている。トカゲの数も多く、しかもこのような飼い方をしているので一匹一匹をすべて把握しているわけではない。特に飼い慣らそうとして飼っているわけでもないのだが、長く飼っているうちに自然とトカゲたちが私を警戒しなくなっただけである。数匹のトカゲを大切に手を掛けて飼育している人の動画なども見たことがあるが、人から餌をもらって食べるのは当たり前というくらいに馴れている様子だった。人の手に乗って撫でられている様子も見たが、非常に人間に馴れている状態であった。私のような飼い方でもそれなりに馴れるのであるから、もっと一匹一匹に手を掛けて飼育することによって、トカゲという生き物はさらに人間と親密なものになる可能性を秘めていると思われる。

トカゲの穴掘りと巣穴

トカゲは巣穴を作って生活拠点とすることは良く知られていることであるが、これは雄も雌も同様に持っている性質である。特に雌は繁殖期にはこの巣穴の中で卵を産み卵を守りつつ孵化させるわけであるが、繁殖期以外でも雄雌共に常に自分の巣穴を作り、昼間は日光浴を楽しみ夜になると巣穴に潜るという生活をしている。昼間は殆どのトカゲが姿を見せているが、夜、水槽のフタを開けてみても地表には全くトカゲの姿は確認出来ない。すべてのトカゲが地面に潜っているということである。自分の体がすべて入る大きさの穴を掘る作業はものすごく大変な作業だと思うのだが、彼らはいとも簡単に短時間でそれをやり遂げるのである。元々作って置いた巣穴に潜るならばすぐに潜れて当たり前だが、時々私の見ている前で新たに穴を掘り始めることもある。観察していると鼻先を地面に差し込むようにしながら左右の前脚で土を掻き出していく。常に頭を奥へ差し込むようにしながら左右の土をどけていくことで前に進んでい

くようである。人間が水中で水を掻きながら前に進んでいくのと似ているが、左右の前脚を同時に使うのではなくて、どちらかの脚で踏ん張りながらもう片方の脚で土を掻くという感じである。人間のクロールのように左右を交互に動かすのではなく、片方で続けて数回掻いた後に脚を換えて数回掻くといった具合である。この作業を繰り返すことによって巣穴が完成するようである。完全にトカゲの姿が地面の中に消えるまでの時間はものの二〜三分である（これは私の水槽の中での話である。私の水槽の中の土は前にも述べたとおり篩にかけた粒の揃った土で、柔らかいので掘りやすいはずである。自然界では勿論掘りやすい場所を掘るのだろうけれども、様々な大きさの石やゴミなども混ざっていると思われるので、もう少し時間がかかってしまうのではないだろうか）。

地中から登場

これはとりあえず潜るまでの時間だと思われる。巣穴として使用するには中である程度自分の態勢を変えたり出来る空間が必要だと思われるので、このあとさらに仕上げ作業が行われることになるのだと思う。何れにしても潜り始めの様子はこんな具合である。

私の水槽の中の地面には巣穴の入り口と思われる穴が数カ所開いている。大抵は地表に置いてあるコンクリートブロックや植物の鉢受け皿などと地面の境目辺りに開いているが、時には何もない地面のど真ん中に開いていることもある。植物の水やりや排泄物の回収などをしている時に時々巣穴に潜ろうとするトカゲを見かけることがある。スルスルとあっという間に潜ってしまう。ある時は潜り始めたトカゲが体半分地面に突っ込んだまま暫く動かなくなってしまったので、どうしたのかと思って見ていると後ずさりをして潜るのを止めた。

巣穴の中のトカゲ

どうやら先客がいたようである。自分が潜る穴を間違えたのか、他のトカゲに自分の穴を乗っ取られたのかは分からないが諦めて別の穴に潜っていった。こんな状況もしばしばあるようであるが、後ずさりをするトカゲはまだ良い方で、中には体半分入った状態からUターンして出てくる個体もいるからたまらない。この場合、巣穴の入り口は倍以上の大きさになってしまうことになるし、悪くすれば崩壊して入り口が塞がってしまう場合もある。しかし彼らにとってはこんなことは日常茶飯事で全く気にならないことなのかもしれない。穴掘りを得意とする彼らは「穴が塞がったならまた掘れば良い」と言わんばかりに、崩れた巣穴の中からも平然と登場するのである。

こんな具合に掘っては崩し、崩れたらまた掘るという彼らの巣穴事情によって水槽の中は常に地殻変動状態である。冬眠明けに冬眠用の水槽から夏用の水槽に移す際には夏用水槽の中の土を平らに均《なら》して、地表に置く物も整然と並べた状態で彼らを迎え入れるのであるが、十日と経たないうちに地面はでこぼこ、鉢受け皿やコンクリートブロックは傾くなど大地震でも起きたのかと思うくらいの変わりようなのである。多少の傾きならばそれ程気にもしないが、あまりにも傾きが激しいと鉢受け皿などは充分な水を入れられなくなってしまうので、少し傾きを直さなくてはならない場合もある。傾くことくらいは常にあることなので驚きもしないのだが、一番ひどかったのは鉢受け皿自体が地面にすっぽり入ってしまったことである。すっぽりと言っても地表と鉢受け皿の縁の高さがほぼ同じになってしまったということである。鉢受け皿の下を掘りすぎて傾いていくうちに掻き出した土が周囲に溜まって地表も高くなり、やがて土が鉢受け皿の中に入ってしまうようになったのである。私もあまりひどい傾きは直すのだが多少の傾きはそのままにすることが多いので、彼らが上手い具合にあまり傾かせずに均等に傾かせながら鉢受け皿の下を掘って

全部で何匹？

いった結果として、気付いてみたらこのような状態になっていたということである。

何れにしても彼らの穴掘りに懸ける情熱というか執念というか、そのパワーはとてつもないものがあるように思う。巣穴に入ることで安心して生活出来ることも一つの要因だと考えられる。天敵から見つかりにくいし天気の良くない日でも体温維持が出来るのだろう。彼らにとって巣穴を掘ることは食事や日光浴と同じくらい生きるために必要な大切な行動なのだろう。水や風の力で地球の表面の状態が変化していくのは長い時間をかけてのことであるが、人間を始めとして地球に暮らしている生き物たちはかなりの短時間で地球の表面の状態を変化させてきている。イノシシが餌を探すために鼻先で石を浮かせたり地面をボコボコにしたりするのと同様に、トカゲもまた生活のために巣穴を掘ることによってイノシシに比べたら微々たるものではあるが地球の表面の状態を変化させていると言える。もしトカゲがイノシシと同じサイズで巣穴掘りをしたらどうなるのかと考えるとものすごく大変なことになるだろうことは予測出来る。あちらこちらで地盤沈下が発生することになるだろう。実際あるわけもないことで想像に過ぎないが、人間サイズのものが何かをすればとんでもなく大変なことになることも事実である。トカゲにこれだけのことが出来るとすればそれも頷ける。ただのトカゲの生活行動として片付けるのは簡単だが、人間が教訓とすべき点もあるように思う。

　ここで一つ気になることは、自然界でのトカゲたちはどんな場所に巣穴を作っているのかということである。石垣の中や石の下などに巣穴を作っている様子は実際に見たり、動画などでも見たことはあるのだが、天気次第では大変なことになりそうな気もする。大雨の時などは石垣からも水が流れ出ていたり地面にも水が溜まっていたりと、折角巣穴を作っても水浸しになってしまうような気がする。大きな石の下で中央部分に空間でもあればそこならばしのげるかもしれないが、多少大きな石でも石の下部は地面に埋まっており地面に水が溜まるほどの大雨が長く続けば次第に石の下にも水が浸入して来るであろう。そうなれば大抵の場所は水没してしまう。そんな時、石の下や石垣に巣穴を作っていたトカゲはどうしているのだろうか。ちょうど卵を産む時期が梅雨の時期でもあるだけに非常に気になる。雨水が浸入してきてもそのままじっと耐えるのか。どこかへ避難するのか。それとも予め同じ石の下や石垣でも雨水が浸入して来ない良い場所を選んで巣穴を作っているのか。この内の何れかだとは思うのだが、じっと耐えるというのは最初は良いが水没すれば窒息してしまうので無理な感じはする。実際、昔石垣に逃げ込んだトカゲを水攻めした時にトカゲは石垣の入った所から出てきた。このことから見ても水没してもそこで耐えることは恐らく無理である。どこかへ避難することは一番可能性としてはあると思うが、卵があった場合に母親トカゲがまず卵を一つ咥えてどこか避難先を見つけて巣穴を作っている間に他の卵たちはどうなるのだろうか。卵は多少水に浸かっても大丈夫な気はするが、長時間となるとやはりふやけてしまったり呼吸にも支障が生じたりする可能性がある。石垣などの場合には大雨だとかなり勢いよく水が流れ出たりもするので卵自体が流されてしまうことも考えられる。卵一つでも救えれば良しとするしかないのか。早めに避難を始めれば多くの卵が助かることになる。母親トカゲはそういう危険を察知する能力も鋭いものを持っているのかも知れない。予め雨水があまり浸入してこない場所を選んで巣穴を作っているとすればこれもものすごい能力ということになる。さらには別に避難用の巣穴を確保しておいたりするのかもしれない。気になることではあるが自然界のことであり観察するのは非常に難しい。偶然そんな場面にでも出くわせば観察も出来るが、トカゲにとっては一大事であるから私としてもそんな状況は見たくない。万が一出くわした時、そんな場面で何か手助け出来ることはないものか考えておきたいと思う。

トカゲと天敵

ここでトカゲの天敵と言われる動物のことについて少し私なりの考えを述べてみたいと思う。トカゲの天敵としてよく名前が挙げられているのが肉食性の鳥、ネコ、イタチ、その他夜行性動物、ヘビ、カエル、などである。幼体トカゲにとってはこの限りではなく、カマキリやクモなども危険な存在である。

まずはカエルであるが、カエルは水中に卵を産み、やがてオタマジャクシとなりカエルへと変体する。両生類と言われる所以である。このためかどうかは分からないが池や沼、川や堀などに多く集まっている。勿論それ以外の場所にも時々現れる。カエルの補食は一瞬である。トカゲも素早いが、カエルに気付かずにすぐ前などを通過しようものならばたちまち食べられてしまうだろう。成体のトカゲにとって小さなカエルであればそれ程問題ではないと思われるが、自分より少しでも大きいカエルは注意しなければいけない。一口でとはいかないまでも、咥えられたら最後、呑み込まれるのを待つばかりとなってしまうだろう。オオヒキガエルのような大きなカエルであれば一瞬でトカゲは姿を消すことになるだろう。大きなカエルは要注意である。トカゲが水辺に行くのは水分補給の時ぐらいだとは思うが、出くわさなければ問題はない。カエルはトカゲだけを餌として狙っているわけではない。目の前に来たものを構わず捕食するようである。構わず呑み込んで餌ではないと判断すると吐き出したりもするらしい。出くわさない限り危険な存在ではないが、運悪く出くわせば食べられてしまう可能性は非常に高い。

次はヘビである。ヘビはカエルとは少し違って餌を探して動き回る。ネズミなどの小動物や鳥の巣の中の卵、鳥自体も餌にすることがあるようだ。野山は勿論のこと餌を求めて人間の飼っている鶏の小屋に侵入して産んである卵を丸呑みしたり、家の天井裏に侵入してネズミを補食したりもする。カエルにとっても天敵で、『ヘビに睨まれたカエル』という言葉もあるくら

いで、ヘビに捕食されるカエルは非常に多いと思われる。そのためもあってか池の周りでヘビを見かけることが多い。カエルは勿論だがオタマジャクシの時点から餌にされているようである。従ってカエルの卵がオタマジャクシになる頃の池の周りはヘビにとって格好の餌場ということになる。我が家では露天に置いてあった罅《ひび》の入ったメダカ用の鉢に半分ほど水が溜まっていたのだが、その鉢の内側にモリアオガエルが卵を産み付けた。卵がオタマジャクシになれば鉢に溜まった水の中に落ちる計算になる。そこまでは母親ガエルの思惑通りだったようだが、ある日私がふとそのメダカ鉢を見ると、どうやって嗅ぎつけたのか鉢の縁に生まれたばかりのような小さなヤマカガシが六匹も集まってきていたのである。オタマジャクシを狙っていることは間違いない。もう既に何匹かオタマジャクシが食べられてしまったのかも知れないが、気付いた以上は放っておけないと思い、可哀想だがヘビを退治した。ヘビ自体は生きるために必要なことをしているだけであるが、天然記念物であるモリアオガエルを守るために駆除したというべきか。ヤマカガシは近年毒を持っていることが分かり、マムシ同様人間にとって危険な生き物であるから駆除したというべきか。どちらにしても人間の作った線引きであり、私にとって都合の良い言い訳にしかならない。先にも述べたように、ヘビよりはカエルの方がトカゲにとって害が少ないのではないかということも理由の一つである。またこのまま毒蛇を逃がせばどこかで誰かが噛まれる危険性も否定は出来ない。トカゲと同じ変温動物であるが、夏などは夜でも獲物を求めて動き回っていることがあるようだ。実際、昔私の家の近所で夜庭を歩いていた時に誤ってマムシを踏んでしまい噛まれて大変な目に遭った人がいる。夏の夜の風物詩の一つにカエルの鳴き声が挙げられると思うが、そのカエルを狙ってヘビもウロウロしているというのが現実である。

ヘビが石垣の穴に入っていく姿もよく見かける。餌を探しているのか、それとも人間に気付いて石垣に逃げ込んでいるのか、その辺ははっきり分からないが、石垣の中に巣穴を作っているトカゲがいたならば危険に晒《さら》されることになる。大きなヘビであればトカゲが入れる小さなスペースまでは入って行けないと思うが、

ヤマカガシ

頭の大きさがトカゲと同じくらいのヘビであれば容易に入って来てしまうだろう。卵が産んであれば卵はすべて呑み込まれてしまうだろう。卵のお陰でトカゲ自体は逃げることが出来るかも知れないが、卵がない場合はトカゲ自体が狙われることは間違いない。自分の胴体より太い物も呑み込んでしまうのだから、トカゲぐらいは何ということもないのだろう。これは私の予想であるが、状況としては近からず遠からずで時にはヘビに食べられてしまうトカゲや卵もあるように思われる。ヘビ自体の個体数がどのくらいなのかも分からないし、どの餌を一番好むのかもよく分からないが、トカゲもすべてが石垣の中に巣穴を作っているわけでもなく、ヘビもすべての石垣の中を虱潰《しらみつぶ》しに餌探しをするわけでもないと思う。家の周りでトカゲ探しをすると大抵数匹は見かけるが、ヘビを探してもなかなか見つからない。トカゲとヘビの生息場所は似てはいるものの範囲としてはトカゲの方が人間寄りで、ヘビの方が人間から離れた場所にいるような感じがする。

イタチやハクビシン、アライグマなども天敵と言われているようであるが、これらの夜行性動物を昼間見かけることは殆どない。私の家は裏がすぐ山になっていて、確かにこのような動物たちが生息してはいるが昼間は姿を見せない。山の中の自分の巣穴などに潜んでいると思われる。アライグマは天井裏などに入り込み、中でゴソゴソと動いていたりすることもあるが姿は見せない。これらの動物が昼間姿を見せることもあるが、それは病気や寄生虫によって脳を冒され、昼夜の区別もつかないようになった個体である。人間の近くまで来てしまうものもいて正常な判断が出来ていないことが分かる。正常な個体はその名の通り夜活動する。夜行性動物は夜の闇に紛れて姿ははっきり確認出来なくても、目だけは爛々と光っているのでそこにいることが容易に分かる。余談だが闇夜に鹿などと出会うとちょうど人間の顔ぐらいの高さに目が光っているので一瞬ギョッとする。この目が赤外線スコープのようになって暗闇でも物がはっきりと見えるらしい。はっきりと言っても本当に赤外線スコープで見ているようなモノクロのような見え方らしい。アライグマも昼間は天井裏に潜んでいるが夜になると外に出てくる。アライグマが天井にいるとネズミなどはアライグマに食べられたり逃げ出したりしていなくなるのだが、アライグマ自体が天井に排泄したり中で子供を産んでしまったりとネズミよりもたちが悪い。そこで近所の猟師さんに頼んで罠を仕掛けてもらうと夜の内に罠にかかるのである。夜行性動物にとって夜が食料調達の時間であり、それを逆手に取った人間の罠にあっさりと掛かるわけである。これらの動物はだいたい雑食性でリンゴなどの果物で掛かる場合もあるが、唐揚げなどが一番良く掛かるようである。これは罠に仕掛ける餌の話であるが、実際にこれらの動物が食べている物はネズミや鳥類、カエルや昆虫、果実類も好んで食べるらしい。ヘビなども食べると聞いたことがある。トカゲなども見つければ恐らく食べるだろう。天敵であることに変わりはないが、トカゲがこれらの夜行性動物と出会う可能性は極めて少ないと思う。夏の気温が高い夜でも日差しのない時にトカゲの姿を見ることはまずない。要するにトカゲは夜は巣穴に潜り活動しない。夜活動しているこれらの動物と出会う確率は極めて低い。イノシシのように地面を掘り返して中にいるミミズやカニなどを食べる動物もいるので、運悪く巣穴をイノシシなどに掘り返されてしまったりするとトカゲも食べられてしまうこともあるかもしれないが、確率としてはそれ程高くはないと思う。またモグラなどに巣穴を襲われるということもあるかも知れない

猟師の罠にかかったアライグマ

が、こちらも確率としてはそれ程でもないように思う。

今度はネコについて考えてみたいと思う。ネコも夜行性動物ではあるが唯一と言っても良いぐらいに昼間も夜と同じように活動している動物である。確かにネコは夜行性動物のように昼間でも寝ていることもあるが、昼間にどこかへ遊びに行っていることも事実である。逆に夜は活動せずに人間と一緒に布団で寝ていたりするものも多くいるようである。繁殖期には昼夜関係なくふらついている。人間との生活をするようになって、ネコの生活様式も本来の夜行性動物とはかなり変わってしまったのかも知れない。そんなネコではあるが、目はやはり夜行性動物のものであって、色よりも明暗を見分ける機能が優先されているようである。多少の色の区別は出来るようであるが、人間のようにいろいろな色を見分ける機能はないようである。夜行性動物としての本来である夜間の物の見え方は、人間よりも優れたものを持っているのかも知れないが、昼間の人間と同じ光の中で見る場合の見え方は人間よりはっきり見えていないようである。ネコの視界は近眼と色のくすみで人間とはかなり違った見え方になっているらしい。例えば鮮やかなブルーが色あせたブルーに見えるというのだ。買ったばかりの濃いブルーのジーンズが何度も洗いざらして色あせてしまったジーンズに見えるということになる。緑の草原も枯れ草の原っぱに見えるらしい。要するに焼きそばの上の青のりが焼きそばと同じ色に見えるということになる。鶏のトサカが赤く見えず茶色かグレーに見えるというのだから驚きである。ただし近眼とは言うものの物の動きを見極める動体視力についてはかなり優れている。ネコに餌を与える時に餌を投げると両前脚で器用にキャッチしたり、直に口でキャッチしたりするのである。また、テレビゲームをしている時など、画面上で動き回るゲームのキャラクターを捕まえようとしたり、キャラクターが落下して画面から消えると画面の下を一生懸命探したりする。色の判別は出来ていないとしても、物自体ははっきりと見えているわけである。ネコをひもでじゃらすと追いかけてくる。そして捕まえるが、捕まえてもすぐに行動に移らない。暫くは様子見状態で相手の出方を見ている。暫くと言ってもほんの数秒のことであるが、その間にまたひもを引っ張って見るとすかさず追いかけ始める。それからネコを二本のひもでじゃらしてみると分かるが、一方のひもを捕まえても別のひもが近くを動けば捕まえた方のひもは放っておいて別のひもを追いかけてくる。初めから相手が逃げることを想定して捕まえにきているようである。相手が逃げないとわざと手を放して動き出すのを待ったりしていることもしばしばである。これらのネコの物の見え方や行動などから総合的に考えると、トカゲの美しい青い尻尾も薄い青色かグレーに見えていることになり、トカゲがネコと出会い襲われて尻尾を切ったとしても、切れた尻尾よりも本体の黒色の方がネコの目にははっきりと見えていることだろう。切れた尻尾も暫くは勝手に動いて敵の目を惑わす役目を果たそうとするが、それに騙されるネコばかりではないということである。切れた尻尾と逃げていく本体を瞬時に見比べて、恐らく殆どのネコはその場で動く切れた尻尾よりも先へ逃げる本体を追いかけていくと思われる。トカゲにとっては命に係わる一大事であるが、ネコにとってはただの遊びである。散々追いかけては捕まえ、また逃がしては捕まえと遊んだあげくにネズミは内臓の一部を除いて最終的には食べてしまうが、モグラやトカゲは食べずに放置されていることが多い。前述の母親トカゲの無残な死骸がその最たるものである。

ネコは獲物を捕まえると飼い主の所へ持ってきて見せようとする性質も持っている。すべてのネコがそうであるのかは分からないが、我が家で飼っていたネコたちは殆どがそうであった。下手をすると家の中に持ち込まれてしまうこともあったので、常に玄関にはつっかえ棒などを用意して、ネコが勝手に開けられないように用心していた。ネズミやモグラはかなり頻繁に持ってきたしトカゲも時々咥えてきた。時にはヘビや鳥なども捕まえて来たことがある。すべてまだ生きている状態であった。「よく捕まえたね。えらいね」と褒めてもらいたいのか、「こんなの捕まえたぜ、すごいだろ」と自慢したいのか分からないが、飼い主の目の前に持ってきてそこで遊び始めるのである。ネズミやモグラの場合は構わず放っておいたが、トカゲとなると何とか逃してやりたいと思い、ネコが手を放した瞬間にネコを素早く捕まえて別の場所へ連れて行き、家の中などに閉じ込めておいてからトカゲを救出しようとしたことも何度もある。しかしネコを遠ざけてからトカゲの所へ戻ってみると、もうあまり動けない状態になっていることが殆どであった。生きてはいるがもう逃げる元気はない感じである。最初に咥えられた時にネコの牙が体内にまで刺さるなど致命的な傷を負っている場合が多かった。逃げられる状態であれば私がネコを遠ざけてトカゲの所に戻るまでにどこかへ逃げてしまっているはずである。私が戻った時にその場に残っているトカゲは生きてはいても恐らく助からないトカゲである。せめて最後は穏やかに死なせてやるために、見つかりにくそうな場所に移してやることぐらいしか出来ない。

このようにネコに追いかけられたトカゲは当然尻尾を切るが、その甲斐もなく捕まって散々遊ばれた挙げ句に食いちぎられて放置される場合が殆どである。運良く私が発見すれば食いちぎられる所まではいかないが、何れにしてもそのまま死んでしまう運命は避けられない感じである。ネコの場合、トカゲが尻尾を切っても切れた尻尾はそれ程役には立っていないようである。

最後に肉食性の鳥についてであるが、主に昆虫を食べているものも肉食性と言われているようなので、そういうものも含めるとかなり沢山の肉食性の鳥が私の住んでいる地域にもいるようであるが、特にトカゲの天敵と思われるものについて考えてみたいと思う。猛禽類《もうきん》というタカやワシの仲間としては鳶《とび》やフクロウなどはよく見かける。また猛禽類ではないものでもモズやゴイサギやシラサギなども見かけることがある。雑食性ではあるがカラスや鶏なども天敵と思われる。鳶は「ピーヨー」と鳴きながら上空を旋回している姿をよく見かける。上空を旋回しながら地上にいる小動物やカエル、ヘビ、トカゲなどを探しているのだろう。見つけると急降下して獲物を捕まえる。このような鳥は気付かぬうちに上から襲ってくるのでトカゲとしては要注意である。フクロウは夜行性の鳥なので夕方薄暗くなってから姿を見かける。フクロウが活動を始める時間にはトカゲは既に巣穴に潜っている。従ってこの鳥に関してはトカゲが出会う可能性は極めて低いと思われる。ゴイサギやシラサギはトカゲも見つければ補食すると思われるが、どちらかと言えば川や沼などで主に魚を啄《ついば》んでいることが多い。水辺にいるカエルやオタマジャクシなども餌食になっていると思われるが、これらの鳥に補食されるトカゲはそれ程多くはないだろう。カラスは雑食であるが動物の肉なども食べる。ただし生きている動物を追いかけて捕まえるというよりも動物の死骸に群がっている姿をよく見る。車にはねられて死んだ動物や車に潰されて死んだカエルやヘビなどを啄んでいることがよくある。トカゲも車に潰されればカラスの餌食になるかも知れないが、生きて動いている状態では襲われることは殆どないのではないだろうか。鶏は殆どが養鶏場などの檻の中で飼育されているので、トカゲが飼育場の中に迷い込まない限りは餌食になる心配はな

いと思われる。最近は養鶏場も広い敷地に鶏を放し飼いにしている所もある。そのような場所ではトカゲもどこからが養鶏場なのかというのも分からず迷い込む確率も高くなるかも知れない。餌の時間には餌を与えるのだろうが、それ以外の時間は自由に運動を兼ねて遊ばせているので、その間は適当にその辺の物を啄んだりしている。運悪くそんな鶏に出会った場合はトカゲも啄まれてしまうだろう。敷地内に入らなければ良いわけだし、入っても出会わなければ問題はないわけだから鶏に補食されるトカゲもそれ程多くはないと思われる。特にトカゲやカナヘビを襲う鳥として知られているのがモズである。『モズの早贄《はやにえ》』と言うのが有名であるが、これはモズが捕まえた小動物を木の枝などに刺しておく行動のことである。何のためにこのようなことをするのかについて、かつては多くが謎であり冬用の保存食説など諸説あったようであるが、最近の研究者の緻密な研究によって、繁殖期に雄が鳴き声の質を高くして他の雄より優位に立つために早贄を作りそれを食べるということが解明されたという。早贄を多く作り多く食べた雄が繁殖期に優位に立てるということらしい。食料の少ない時期の保存食には違いないが、ただの保存食ではなく重要な目的のための保存食だったわけである。早贄は相対的には昆虫類が多いらしいが、トカゲやカナヘビ、カエルなども早贄にされるようである。写真などで見てもトカゲやカナヘビの早贄がかなりたくさん出ている。その場で食べられる場合もあるだろうが、そうでなくても連れ去られて早贄にされるわけである。そう考えるとかなり多くのトカゲやカナヘビがモズの餌食になっていることになる。早贄の写真を見るとトカゲやカナヘビの尻尾が長いまま木の枝などに刺されているものが多い。写真を見る限りトカゲに関しては幼体も成体も関係ないようである。中には尻尾の切れているものもあるが、殆どが尻尾は長いままである。要するに捕まる時に尻尾が切れていないということである。尻尾が切れているものについてもよく見てみると切れた尻尾の先が少し再生し始めているものが殆どで、モズに捕まった時点で切れたものではないことが分かる。つまりモズはトカゲやカナヘビについては尻尾ではなく本体を捕まえに来るということである。モズに限らず鳥がトカゲやカナヘビを狙う場合は同じように尻尾ではなく本体を捕まえに来るのである。鳥に対してはトカゲの幼体の尻尾が青いことも有利に働いてはいないことが分かる。逆に上空から見ている鳥に目立ってしまうくらいのものである。トカゲの天敵と思われる生き物について述べてきたが、このように見てみるとトカゲの一番の天敵は肉食の鳥である可能性が非常に高い。

モズの早贄にされているトカゲやカナヘビはミイラ化している物もかなりあるようであった。

我が家には早贄ではないがトカゲのほぼ完全なミイラが一体ある。数年前の年末家族で庭の掃除をしていた時にたまたま三男が庭の灯籠の中で発見したのだ。三男が「父ちゃん何だこれ」と言うので三男が指さす場所を見ると、そこにはミイラ化したトカゲがあった。人の背丈よりも高い灯籠の火を灯す部分にそれがあった。三男が側の石の上に載って灯籠の中を覗いたらミイラがあったというのである。どうしてこんな場所にトカゲのミイラがあるのかいろいろ考えてみたが、恐らくここまで自分で登ってきたのではないだろう。灯籠は土台がありその上に胴

部分が載り、さらにその上に火を灯す部分が載っている。胴部分は細く、その上の火を灯す部分は胴部分よりも大きく外へせり出している。胴部分と火を灯す部分の接続部はネズミ返しの様になっている。トカゲには爪があるが、さすがにこの部分を登るのは厳しいように思われる。もし登ったとして、登ったならば降りることも出来るのではないだろうか。トカゲならば降りたいと思えば多少衝撃はあっても飛び降りることも出来る高さである。しかしそれもせずにここでミイラになったというのは、何者かにここに運ばれた可能性が非常に高い。しかも運ばれた時点でトカゲは既に動くことが出来ない状態だったか、あるいはここに運ばれてすぐに動けない状態にされてしまったかということが考えられる。私が思うにトカゲをここに運んだのは恐らく鳥であろう。トカゲを捕ま

えた鳥がここに運び込みゆっくり補食しようとしたが、その時この灯籠の近くにこの鳥の天敵あるいは人間などが現れたことにより鳥はトカゲを放置して逃げざるを得なかった。放置されたトカゲは既にかなりのダメージを受けており、既に絶命していたか、動くことが出来ない状態でそのままミイラにならざるを得なかった。ミイラになるのにどのくらいの時間が必要なのかは分からないが、完全にひからびた状態だったのでかなりの時間が経っている感じではある。モズの早贄は木の枝や棘《とげ》、有刺鉄線などに刺されたものが殆どというかそういう状態のものを早贄という感じなので、我が家のミイラは恐らくモズ以外の肉食性の鳥の置き忘れという可能性が非常に高い。

トカゲのミイラとセミの抜け殻

トカゲと人間の関係性

トカゲは人間の姿を見ると逃げたり隠れたりするが、人間の生活圏内にいることで他の天敵を遠ざけることが出来ているのかも知れない。本能的にそのような場所を安全と認識して生活をしているように感じる。人間はトカゲから見ればネコなどよりも大きくて一瞬驚くのかもしれないが、トカゲを捕って食おうとするわけではない。中には興味本位に捕まえようとする場合もあるが、命を奪われるわけではなく、逆に大事にされることが多いのではないだろうか。トカゲがそこまでのことを感じているとは思わないが、興味のない人間はトカゲを見ても放っておくし、嫌いな人間でも余程でない限り駆除しようなどとは考えない。悪いことをするわけでもなく放っておいても問題ない存在だからである。これがヘビやムカデ、スズメバチやネズミなどとなれば駆除しようと考える。トカゲにとっても人間はネコや鳥、カエルやヘビなどに比べたら害のない存在ということになるのではないだろうか。それならば人間に近い所にいて、

その他の天敵を牽制してもらう方が安全である。ネコや犬が元々野生のものだったにも拘わらず次第に人間と共に生活するようになったのはやはり利害関係である。犬は狩猟の手伝いや番犬として、ネコは穀物を荒らすネズミの駆除などで人間にとっても利益があり、犬やネコはその代わりと言ってはなんだが人間から餌を与えられ可愛がられる。人間と一緒にいることによって他の野生動物と餌を奪い合うこともなく、他の野生動物に襲われそうになっても人間に守って貰えるなど、かなり強い結びつきの利害関係である。これと比べてトカゲは人間にとって無害ではあるが利益があるわけでもない。犬やネコと比べて非常に希薄な関係である。互いに干渉しあわない存在である。それでもトカゲにとっては人間に近い所にいることは大いに利益があるように思う。ツバメが人家の中や軒先に巣を作るのと同じ理屈だと思う。

天気の良い日に外へ出ると、トカゲをよく見かける。餌を探しゆっくりと移動しながら時々停まって日向ぼっこをしたりしている。勿論常に警戒心は持っている様子で、物陰から物陰へと慎重に移動をしていく。玄関先など広くて隠れ場所がないスペースは足早に移動する。特にトカゲを見つけようと思って外に出るわけではないのだが、何気なく歩いていると視界の隅で何かが動いたのに気付く。私に気付いたトカゲが物陰に隠れるその動きでトカゲの存在に気付くことが多い。一旦は隠れるが、私がじっとしているとすぐ隠れたところから顔を出す。そしてまた段々と外に出て来て日向ぼっこを始める。私が顔を動かしたり少しかがんでトカゲに声を掛けたりしても隠れたりしない。一歩踏み出したりしゃがんだりすれば隠れるが、少しの動きでは隠れずに日向ぼっこを続けている。それでも目はしっかりと私の方を見ている感じがする。すぐ側に隠れられる場所があるという安心感もあるのだろうが、私の動きを観察してすぐに対応出来るようにしているのだろう。私の出方を見ているということで、私がただ見ているだけならばトカゲもそのまま暫く飽きるまで日向ぼっこをしている。やがて日向ぼっこに飽きたのかお腹が空いてきたのかは分からないが、ふと思い立ったように動き出し、どこかへと移動していった。自然界のトカゲでも個体によってその行動は違うと思う。私の姿を見て隠れたらそのままずっと出てこないトカゲもいるだろう。非常に警戒心の強い個体は恐らくそんな感じだろう。しかし、私が出くわしたトカゲは殆ど前者のように対応してくれた。私の家の周囲にいるトカゲは我が家で卵から孵化したものも多く含まれていると思われるので、孵化して最初に見たのは私の顔ということになる。卵から出て初めて見たものを親と思う性質があるとすれば、私に対して愛着を持ってくれているのかも知れないが、何年も前のことをどこまで覚えているものだろうか。私は彼らをほんの十日ほど世話をしただけの存在であるし、その後、彼らも人生（トカゲ生）の中でたくさんの怖い体験をしてきたことだろう。鳥やネコ、その他の天敵と思われる生き物たちからは襲われたが、何となくかも知れないが人間に関しては危険な存在ではないという潜在意識を持っているのかも知れない。

トカゲとカナヘビの比較

トカゲとカナヘビは大きさも形もよく似た生き物であるが、よく比べてみるとかなり違う所がある。トカゲの体の表面はツヤのある鱗《うろこ》で覆われ、触った感じもスベスベとしているが、カナヘビはツヤのない鱗で触った感じもトカゲほどスベスベはしていない。特に背中から尻尾にかけてはザラザラとしている感じである。同じ体長（体長とは尻尾の付け根までの長さであり、尻尾の先までの長さは全長と言うらしい）の個体で比べた場合、カナヘビの方が細身である。尻尾の長さはカナヘビの方が長い感じである。尻尾は両者とも切れる性質を持っているが、同じ大きさの力で圧迫した場合、トカゲの方が切れやすい感じがする。これは昔、トカゲやカナヘビを素手で捕獲していた頃の経験からであるが間違いないと思う。頭の大きさはトカゲの方が大きい感じである。脳の大きさは頭の大きさに左右されるものであるから、恐らくトカゲの方が脳も大きいのであろう。その分カナヘビよりもトカゲの方が本能や性質といったものも含めた様々な場面に於いて、深い考えのもとに行動しているような感じがする。卵を産む場所はトカゲは巣穴を作ってその中に産むが、カナヘビは草むらや苔《こけ》の上など地表に産む。トカゲの母親は卵を産んだ後も巣穴の中で卵を守りながら世話をするが、カナヘビは産みっぱなしで世話などしない。このことからして自然界でトカゲの卵を発見することは希であるが、カナヘビの卵は草むしりなどをしている時に時々発見することがある。私たちが発見出来るということはその他の生き物にも容易に発見されることは予測出来る。私たちが発見する以前にそのような生き物たちによって犠牲になった卵も数多く存在することだろう。ヘビやカエルに呑み込

まれたもの、ネズミなどにかじられたもの、鳥に啄まれたもの、ムカデやカマドウマ、ウマオイなど昆虫のようなものでもかじる可能性は充分ある。カマドウマなどはトカゲの死骸にも群がるくらいであるから卵は格好の食料になるであろう。また発見されたわけではないにしても、イノシシや鹿など人間を含めた大きな生き物に踏みつぶされることも考えられる。さらには大雨などで流されてしまう場合もあるだろう。カナヘビは一度の産卵で五個前後の卵を産むようであるが、私が今までに草むらや苔の上で発見した時は一個か二個しかなかった。周囲を注意深く探してみたが他には見つけることが出来なかった。最初はもう少しあった卵も前述のよう

な理由で減っていってしまった可能性がある。運良く生き残った卵だったのかも知れない。カナヘビの卵は人間によって保護された安全な状態での孵化率が八十五パーセントから九十パーセントくらいであるから、自然界での孵化率はかなり低くなると考えられる。最初から一個か二個しかなかったとすれば百パーセントの孵化率ということになるが、恐らくそうではないだろう。天敵に発見された場合、五個あった卵がすべてなくなる確率の方がはるかに高いと思われる。私たちが発見した卵は奇跡的に食べ残された卵であるのかも知れない。カナヘビは一年に二回産卵する個体もいるというが、場所を変えて複数回産卵したとしても一度に産む数と残される数に大した違いはないと思われるので、そう考えると自然界での孵化率は三十パーセントに満たない可能性もある。

これに対してトカゲは土の中や石垣の中など場所は様々でも巣穴の中に卵を産み、さらに母親トカゲが卵を管理することによって自然界でも孵化率はかなり高いと思われる。前にも述べたように地中ではモグラ、石垣ではヘビなどの天敵に巣穴ごと襲われて全滅という場合もあるかも知れないが、全体的に見た場合、人間の保護のもと安全な状態での孵化率よりは多少下がるとしても七十から八十パーセントくらいは孵化するのではないだろうか。自然界で個体として活動を始める段階では、カナヘビよりもトカゲの方がかなり数も多いと考える。

カナヘビは自分の意志で行動する以前の段階、つまり卵の段階で淘汰されてしまうものが多くいると考えられる。卵は産むが卵の運命は天に任せるという感じである。これに対してトカゲは卵を産む前から可能な限り卵を守ろうとしているような感じがする。巣穴の中に卵を産むこと自体がそもそもそうであるし、産んだ後に母親トカゲが卵を管理することもそうである。さらに言うならば、産卵期の母親トカゲが自分の身動きも大変なほど卵でお腹を膨らませているのも出来るだけ体外に出さずに守ろうとしているからだと思う。やむを得ず体外に出すにしても巣穴の中でというトカゲの母親としての思いは勿論だが、トカゲという生き物としての種の存続に対する執念のようなものを感じざるを得ない。

たとえ優秀な個体であったとしても卵の段階で淘汰されてしまったのでは優秀さを発揮するチャンスすらないことになる。トカゲは出来るだけ多くの個体にそのチャンスを与えようと必死で卵を守っているのではないだろうか。勿論、個体として活動をしていく中で天敵などによって命を落とすものも多くいるとは思うが、その中で生き残った個体は優秀な個体ということになる。優秀な個体同士が子孫を残していくことによって種の繁栄に繋がるのではないだろうか。

カナヘビは世に送り出される個体自体がトカゲよりも少ないと思われるが、卵の数自体も一年に二回産卵する個体ですらトカゲよりも少ないようである。すべての個体が一年に二回産卵するわけではないことも考えると、卵の総数ではトカゲの方が断然多い。カナヘビは一年に二回産卵したとしても一度には五個前後しか産まない。トカゲは産卵は一度だが、少なくても九個くらいは産むし、多ければ十三個以上産むのである。まして母親トカゲが卵を管理することによって世に送り出される個体はカナヘビよりも数倍多いと考えられる。一般的に生物は生き残る確率の低いものほど多くの子を産む。この定理から考えるとカナヘビよりもトカゲの方が生き残る確率が低い生き物ということになる。同じような姿形の生き物であるカナヘビとトカゲを比べた時、尻尾が青いということが生き残るために有利であるとすれば、トカゲの方が卵の数も個体として世に出る数も少なくて良いはずである。しかし実際はトカゲの方が数が多い。つまり尻尾が青いこと自体は生き残るために有利に働いているものではないということである。逆に鳥など色をしっかりと見分けられる天敵に対しては目立ってしまうことになり、生き残るという観点から見れば不利になるわけである。前にも述べたが鳥は上空から突然襲ってくる天

敵であり、モズの早贄の写真や我が家のトカゲのミイラなどを見ても分かるように尻尾ではなく本体を捕まえにくるので、尻尾を切ることが出来るということ自体も何の意味もないわけである。この場合、尻尾は目立つだけ目立って天敵の目に留まり襲われても切ることも出来ずに終わってしまう。正に無用の長物である。襲われてそのまま捕まってしまうものもいれば、危険を察知してうまく逃げ切る勘《かん》の鋭いものもいる。後者が本来のトカゲという生き物で言うならば優秀な個体ということになるのであろう。

青い尻尾は知らず知らずのうちに天敵の標的となり、トカゲの幼体たちは少なからず危険な目に遭うことだろう。捕まってしまえばそれで終わりということになるが、鋭い感覚で早めに気付いて何かの下にでも逃げ込めば生き延びることが出来る。尻尾までは間に合わなくても本体部分が何かの下に入り込めれば尻尾を咥えられても自切して何とか助かるだろう。この場合は鳥などの天敵は仕方なく尻尾だけを咥えて飛び去ることになる。尻尾が身代わりになってくれたと言えるのかどうか分からないが、命はなくさずに済む。しかし二度目はもうないと思わなければならない。怖い思いをしたこの経験をどう活かしていくかによって運命は分かれる。

尻尾はなくなったが、この怖い思いを忘れずにさらに用心深く行動するようになれば生き残れるだろうが、今までと同じ動きではすぐに命を落としてしまうだろう。自分が襲われて怖い思いをした場合は勿論だが、目の前で仲間が何者かに捕食されたのを他人事と思わず怖い経験として心に刻み用心深く生きていく個体もいるかも知れない。このような個体はさらに優秀な個体と言うことが出来るだろう。中には一度も尻尾を切ることなく成体になり、そのまま無事に一生を全うする個体もいることだろう。それは本当に優秀な個体ということになる。

無意味な尻尾切り

私の飼っているトカゲたちは一度も尻尾を切ることなく一生を終える可能性が非常に高い。要するに天敵と出会うことすらなく危険な目に遭うことがないからであるが、それでも時々切れた尻尾が落ちていることがある。先っぽの僅かな部分の場合もあるが、ほぼ根元から切れてしまった立派な尻尾が落ちていることもたまにある。幼体の間は無事に尻尾が切れることもなく過ごして来たのに、成体になってから尻尾が切れてしまうことが殆どである。一番の原因は繁殖期における雄同士のバトルである。前にも述べたように私はこの雄同士の戦いが雌を奪い合うものであるという説には疑問を持っており、雄雌の区別なく交尾をしている可能性があると考えているのだが、とにかくこの雄同士のバトルは凄まじいもので、脚が千切れたり尻尾が切れたりという悲惨な結果を招く。自然界でも時々雄同士が絡まって人目を気にする様子もなく噛み合っているのを目撃することがあるが、この場合も恐らく我が家のトカゲたちと同じ結

果になることだろう。天敵などに襲われて仕方なく尻尾を切るならばまだしも、仲間同士で噛み合って切ってしまうというのは如何なものかとも思うが、既に成体になっている個体はトカゲ全体から見れば生き残った優秀な個体であり、この段階では如何に子孫を残すかということを最優先しているようにも感じる。

トカゲは尻尾の付け根辺りに栄養を蓄えると言われており、特に雌は尻尾の付け根が非常に太くなる。雄はそれ程ではないがやはり栄養は尻尾の付け根辺りに蓄えているのであろう。尻尾は切れないにこしたことはないはずである。脚にしても千切れてしまえば何かと不便であろうから千切れない方が良いに決まっている。さらにバトルの時は人目も気にしていないような状態であるから非常に無防備に見える。それでも敢えてバトルをするのはやはり子孫を残すことを最優先しているということだと思う。幼体の頃から目立つ尻尾のお陰で怖い思いをしつつも生き延びてきた優秀な個体であり、既に尻尾の色も変わって目立ちにくくなっているわけである。幼体の時より動きも速くなり経験値も豊富であるなど、生き残るための条件は幼体の時よりも厳しくないのかも知れない。さらに言うならば既に優秀な個体として生き延びてきた者の使命としてはとにかく子孫を残すことが最優先なのであろう。雄雌関係なく出会った個体と片っ端から交尾をして落ちがないようにというのか、数打ちゃ当たるというのか分からないが、確実に子孫を残そうとしているように感じる。その結果として尻尾が切れようが脚が千切れようが大した問題ではないのかも知れない。万が一そのことが原因で命を縮めたとしても、子孫さえ残せれば使命は果たしたことになる。トカゲたちの行動を見ているとそのような生き方をしているようにも感じられる。

尻尾が青いことの意味

なぜ幼体の時だけ尻尾が青いのかという問題だが、一般的には成体に比べて動きが遅い幼体が天敵に襲われた時、目立つ青い尻尾を切って逃げることによって天敵がその尻尾に気を取られている間に本体が逃げ切るためと言われている。しかし以前、天敵ではないがトカゲの赤ちゃんが成体のトカゲに食べられてしまった時も成体トカゲが赤ちゃんトカゲを追いかけ始め尻尾に噛みつき、赤ちゃんトカゲは尻尾を切ったが成体トカゲは尻尾に騙《だま》されることなく赤ちゃんトカゲ本体を追いかけて食べてしまった。目立つ青い尻尾を切っても何の意味もなかった一つの例である。尻尾が青いことや尻尾が切れることが果たして生き残るために有利に働いていると言えるのであろうか。天敵となり得る動物は沢山いるとは言え、前にも述べたようにトカゲが夜間に行動することは殆どないため夜行性動物と出会う確率は非常に低い。万が一出会うことがあったにしても夜行性動物の性質上トカゲの尻尾が青いことには何の意味もないと言っても過言ではない。昼間でくわす可能性のある生き物としてはカエルやヘビ、ネコ、鳥などであるが、カエルやヘビは補食するとなれば一瞬で丸呑みあるいは咥えてしまうわけだから尻尾を切る暇さえないだろうし、例え切ったとしても尻尾などを気にする生き物ではない。ネコも天敵としてはかなり出くわす確率の高い生き物であるが、ネコの物の見え方や性質などから考えると尻尾が青いことはそれ程意味がないと思われる。鳥はトカゲの鮮やかな青い尻尾を見分けているようではあるが、尻尾ではなくトカゲ本体を咥えに来るので尻尾を切ることもなく捕まり、尻尾が青いことは目立ってしまうだけであって、トカゲが生き延びるために有利には働いていていない。以上の様なことから考えてもトカゲの尻尾が青い理由は一般的に言われていることとは少し違うような気がする。幼体の時だけ青いということには何か意味があるのだと思うが、生き残るために有利になるようにという理由ではないと思う。

離島などに住んでいるトカゲはやはり幼体の時は尻尾が青いらしいが、本土のトカゲよりも青みが消えるのが早いということが言われていた。本土に比べて天敵が少ないから襲われる頻度も少なくて、尻尾を青くして天敵の気を引く必要がないからというのが理由らしい。確かに鳥などもいることはいるのだろうが、どちらかと言えば海鳥で主に魚を補食している種が多いのではないだろうか。

　離島のトカゲの尻尾の青みが早く消えるのは天敵自体が本土より少ないことで襲われる頻度も少ないわけで、それほど優秀な個体を残さなくても生き残れるからというのが私の考えである。恐らく離島のトカゲが産む卵の数は本土のトカゲよりも少ないのではないかと思う。生き残れる確率が高ければそれ程優秀な個体を残す必要もないし、どんな個体でもそこそこ生き残れるならば母親トカゲが身動きが困難なほど膨らんで卵を沢山産む必要もないわけである。

　トカゲの幼体の尻尾が青いのは生き残るために有利に働いているわけではないという言い方をしたが、これは一匹の個体について考えた場合の状況を言っているのである。尻尾が青いことは一匹の個体にとっては天敵に発見されやすく不利に働いているわけで、実際それによって命を落とす個体も多くいる。しかしそこを勘の良さや素早さ用心深さなど持てるものすべてを発揮して生き残った個体は優秀な個体であり、その優秀な個体同士が子孫を残していくことでトカゲという種全体の繁栄に繋がる。繁栄とまではいかないにしてもこの地球上で生き残っていく確率を高めているということが出来るのではないだろうか。このようにトカゲという種全体から見た場合には、幼体の尻尾が青いことは種の繁栄、つまり地球上で生き残るために有利に働いているということが出来るのかも知れない。

カナヘビは地表に卵を産みっぱなしで世話もせず、運良く孵化したものがさらに生きていく中で次第に間引かれ、何とか生き残ったものが細々と子孫を残していくというどちらかと言えば受け身の形。これに対してトカゲは巣穴に卵を産み、母親トカゲがしっかりと管理をして、出来るだけ多くの卵を孵化させ多くの幼体にチャンスを与える。カナヘビと同様に生きていく中で間引かれてはいくわけだが、カナヘビにはない尻尾が青くて目立つという不利な条件の中で生き延びた個体は非常に優秀な個体として子孫を残していく。つまりカナヘビの受け身の種の存続に対してトカゲは攻めの子孫繁栄法と言っても良いのではないだろうか。

まとめ

ここまでトカゲの生態について私が長年世話をして観察を続けている中で体験したことや気付いたこと、考えたことなどを述べてきた。その中には世間一般で言われているトカゲという生き物についての常識というものに違和感を覚える事柄もいくつかあった。特に繁殖期の雄同士のバトルは一般的には雌を奪い合うためのものとされているが、私は雄雌の区別なく交尾をしている可能性があると考えている。私の水槽の中ではトカゲ密度が非常に高いこともあり、否が応でも毎日多くのトカゲたちが何度も顔を合わさざるを得ない。しかし、広い自然界ではトカゲが一日日光浴の傍ら餌を探しながら移動をしていても、何匹の仲間と出会うかというような確率ではないだろうか。そう考えると確実に子孫を残すために、繁殖期には出会った個体と片っ端から交尾をするという可能性も否定は出来ないと思う。この本の題名でもある「トカゲの尻尾はなぜ青い?」という問題を考えた時、世間一般ではトカゲの尻尾が青いのは動きの

遅いトカゲの幼体たちが、天敵に襲われた時に青い尻尾を切って逃げることで天敵が切れた尻尾に気を取られている間に本体が無事逃げ切れるようにするためと言われているが、私の考えは少し違う。「トカゲの尻尾は青い」「トカゲの尻尾は切れる」「切れた尻尾が暫くの間勝手に動く」このことは殆どの人が知っているトカゲの特徴であるが、このことだけで結論を出せば世間一般で言われている様なトカゲの常識というものになるのだろう。私はこのこと以外にトカゲを長年飼い続ける中で体験したトカゲの生態や行動、偶然出会った出来事や過去の自分の経験や記憶、人から見聞きしたこと、さらには天敵と思われる生き物たちの性質やトカゲとの関係性など様々な要素を絡めていろいろと考察し、世間一般で言われている常識とは違う結論に至った。

トカゲの尻尾が青いのは個々の個体が生き残るために有利なものではなく、トカゲという種全体が生き残るために有利に働くものである。つまりトカゲの尻尾が青いのは種の繁栄を目指し優秀な子孫を残すためである。

あとがき

この本を出すにあたって、ご協力をくださいました方々にこの場を借りて御礼を申し上げます。

まず株式会社ブックコムの三浦様を始め、スタッフの皆様には全くの素人である私に懇切丁寧なるご指導を下さいましたこと誠に有り難く、お陰様でこのようなすてきな本にすることが出来ました。心より感謝を申し上げます。

次には家族。幼い日の私の無茶を温かく見守ってくれた祖父母、父、弟妹、そして私が興味を持ったことに全面的に協力してくれた母、またトカゲを飼うにあたっては大切な家族の時間を削り、余計な出費も多々あるという状況に黙って耐えてくれた妻、機械操作が得意でない私のために嫌がらずスマホやパソコンを駆使してくれた長男、トカゲを飼うきっかけを与えてくれた次男、貴重な素材を発見し提供してくれた三男、家族皆の協力のもとにこの本は完成しました。本当にありがとうございました。

この本は私と家族の記録でもあります。皆様のご協力により一生の宝物を作ることが出来ました。言葉には出来ない程の感動と感謝の気持ちでいっぱいです。

トカゲの尻尾はなぜ青い？

2024年10月1日　初版発行

著　者　清原重明

発行者　三浦　均

発行所　株式会社ブックコム

〒160-0022 東京都新宿区新宿1-30-16　ルネ新宿御苑タワー1002

TEL.03-5919-3888(代)　FAX.03-5919-3877

落丁・乱丁本は、お取り替えいたします。

Printed in Japan

ISBN978-4-910118-84-0 C1045